新工科建设项目系列特色教材

工业机器人课程设计教程

主 编 刘 畅 李海虹

参 编 陈志恢 卢嘉栋

机械工业出版社

本书以工业机器人设计开发过程为主线，结合应用实例，对于工业机器人产品设计过程中涉及的各部分内容进行了系统阐述。全书共10章，内容包括概述、机械系统设计、零部件设计、机械臂装配图的绘制、零件图的绘制、计算机辅助设计、传感系统设计、控制系统设计、软件仿真和编写设计说明书及答辩准备。

本书可作为普通高等院校机器人工程、机械制造及自动化、机械电子工程等专业本科生的教学用书，也可作为工业机器人产品开发、设计、制造相关领域工程技术人员的参考书。

图书在版编目（CIP）数据

工业机器人课程设计教程/刘畅，李海虹主编. —北京：机械工业出版社，2022.1（2023.12重印）

新工科建设项目系列特色教材

ISBN 978-7-111-70088-3

Ⅰ.①工… Ⅱ.①刘… ②李… Ⅲ.①工业机器人-课程设计-高等学校-教材 Ⅳ.①TP242.2

中国版本图书馆 CIP 数据核字（2022）第 008587 号

机械工业出版社（北京市百万庄大街22号　邮政编码100037）
策划编辑：王勇哲　　　　　　责任编辑：王勇哲
责任校对：郑　婕　李　婷　封面设计：张　静
责任印制：邓　博
北京盛通数码印刷有限公司印刷
2023 年 12 月第 1 版第 3 次印刷
184mm×260mm · 10 印张 · 246 千字
标准书号：ISBN 978-7-111-70088-3
定价：35.00 元

电话服务　　　　　　　　　网络服务
客服电话：010-88361066　机　工　官　网：www.cmpbook.com
　　　　　010-88379833　机　工　官　博：weibo.com/cmp1952
　　　　　010-68326294　金　书　网：www.golden-book.com
封底无防伪标均为盗版　机工教育服务网：www.cmpedu.com

前　言

　　工业机器人是智能制造的关键要素，广泛应用于机械制造、电子、化工、物流等各个工业领域之中。工业机器人的发展对于我国从制造大国走向制造强国具有重要意义。伴随着"中国制造2025"等国家政策的推出，工业机器人产业发展迅速。全球性的科技革命和产业变革与我国制造业转型升级相互交汇，使我国成为全球最大的机器人市场。机器人产业的发展对机器人领域人才的需求也越来越迫切。为满足人才需求、产业升级和技术进步的要求，我国许多高等院校相继开设了相关课程。工业机器人课程设计是其中重要的实践性、综合性教学环节，对于学生而言是一次全面、严格的工程设计训练。本书对工业机器人的机械系统设计、传感器系统设计、控制系统设计、计算机辅助设计及软件仿真等各部分均做了规范翔实的讲解，旨在为学生提供一本简明实用、指导性强并能够读得懂、用得上的工业机器人课程设计教程。

　　全书共10章，主要内容包括：第1章概述，主要介绍工业机器人课程设计的目的、内容、方法、步骤，以及设计过程中应当注意的事项；第2章机械系统设计，主要介绍机器人的机械臂、基座、腰部、大臂、小臂和手腕的设计方法；第3章零部件设计，主要介绍轴系零件、齿轮零件、标准件、轴承、键和同步带的选择与校核方法，以及润滑与密封的设计方法；第4章机械臂装配图的绘制，主要介绍装配图的绘制、尺寸标注、明细栏和标题栏的编写，以及技术特性和技术要求的编写方法；第5章零件图的绘制，主要介绍对于零件图的通用要求，以及轴类、齿轮类零件的工作图绘制方法；第6章计算机辅助设计，主要介绍使用计算机辅助设计软件进行机械系统建模、零部件检核及轨迹规划与系统仿真的方法；第7章传感系统设计，主要介绍机器人传感器发展历程与趋势、机器人系统对于传感器的要求，以及常见的内外传感器；第8章控制系统设计，主要介绍机器人控制系统的拟定、控制器的选型，以及PLC系统的开发方法；第9章软件仿真，以RobotStudio软件为例，主要介绍机器人仿真软件的安装、使用的过程；第10章编写设计说明书及答辩准备，主要介绍设计说明书的内容、编写要求及答辩准备。

　　本书由太原科技大学的刘畅、李海虹担任主编，太原重型机械集团有限公司的陈志恢、山西省机电研究所的卢嘉栋参编。本书第1章、第6~8章和第10章由刘畅编写，第2、3章由陈志恢编写，第4、5章由李海虹编写，第9章由卢嘉栋编写。

　　在本书的编写过程中，编者参考了大量国内外同行的论文和专著，由于篇幅的关系，不能在文中全部列举，在此谨致谢意！太原科技大学孟令琪、王昊、李王铎、宋平、董晋彤、贾晓杰、韩智慧、罗樟斌等，为本书的插图、整理、编程、调试做了大量工作，在此表示衷心的感谢！

　　因编者水平有限，加之时间仓促，书中错漏和不足之处难免，敬请广大读者给予批评指正。

编　者

目　录

第1章 概述

第1章

1.1 课程设计的目的

工业机器人课程设计是工业机器人课程中重要的实践性教学环节，也是对工科院校机械类相关专业学生的一次较为全面的工业机器人设计训练。课程设计的目的是：

1）培养学生综合运用工业机器人课程及其他先修课程的理论知识解决工程实际问题的能力，并通过实际设计训练使其所学理论知识得以巩固、扩展和提高。

2）学习和掌握工业机器人设计的基本方法和程序，树立正确的工程设计思想，强化创新意识，培养独立设计能力，为后续课程的学习和实际工作打好基础。

3）进行工业机器人设计工作基本技能的训练，包括设计计算、绘图，以及查阅和使用标准规范手册、图册等相关技术资料，培养学生的专业技术能力和综合素质，树立正确的设计思想，培养严谨的工作作风。

1.2 课程设计的题目和内容

1.2.1 课程设计的题目

本教程选择一般关节型机器人的设计作为课程设计的题目。关节型机器人应用广泛，可用于焊接、搬运、装配类机器人的开发。无论何种应用，工业机器人的本体设计中都包括了机械传动系统设计计算、检测模块和驱动模块的计算与选用、控制系统的设计、工程图样的绘制等内容。机器人执行末端的设计由生产实际决定，范围较广，本教程仅以关节型焊接机器人作为示例。图 1-1 所示为焊接机器人各组成部分的示意图。

1.2.2 课程设计的内容

工业机器人课程设计通常包括以下内容：根据设计任务确定传动装置的总体设计方案；选择电动机；计算传动装置的运动和动力参数；传动零件及

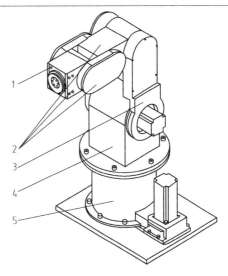

图 1-1 焊接机器人组成示意图

1—手腕 2—小臂 3—大臂 4—腰部 5—基座

轴的设计计算；轴承、连接件的确定；传感器的选择；控制系统的设计；机械臂装配图及零件图的绘制；电气原理图的绘制；编写设计说明书等。

设计结束，每个学生应提交：

1）装配图 1 张（A0 或 A1 图纸）。

2）零件图 2~3 张。

3）电气原理图 1 张（A0 或 A1 图纸）。

4）设计说明书 1 份（20~30 页）。

1.3　课程设计的步骤和进度

1.3.1　课程设计阶段

课程设计包含以下几个阶段。

1. 设计准备

对设计任务书进行详细的研究和分析，明确设计内容、条件和要求；通过参观实物或模型、观看录像、查阅资料等方式了解设计对象；复习有关课程内容；准备好设计资料、图书、用具，学习、掌握相关设计软件；拟订设计计划等。

2. 传动装置的总体设计

拟订传动装置的传动方案；分别选择机器人手腕、小臂、大臂、腰部、基座的电动机的类型、功率及转速；计算各轴的功率、转速和转矩等。

3. 传动零件的设计计算

对传动系统中的轴系零件、齿轮零件、标准件、轴承、键、同步带进行设计、选型及校核。

4. 机械臂装配图的绘制

按设计和制图要求，绘制装配图；标注尺寸与配合；零件编号；编写技术要求、标题栏和明细栏。

5. 绘制零件图

对于非标准零部件，选择重要的传动件（如轴、齿轮等）进行绘制，标注其尺寸、公差及技术要求等要素。

6. 传感系统设计

拟定传感系统设计方案；分别选择机器人手腕、小臂、大臂、腰部、基座处的传感器类型和参数。

7. 控制系统设计

拟定控制系统设计方案；确定控制系统结构；选择控制方法；对控制器设计方案进行对比、选择；确定控制器的参数配置；绘制电气控制系统原理图等。

8. 编写设计说明书

按要求编写设计说明书。

9. 答辩

学生按照设计任务书的要求，在规定时间内完成设计任务后，将已装订好的设计说明书及折叠好的相关图纸放入课程设计档案袋中，准备答辩。

答辩是课程设计的最后一个环节，通过答辩准备和答辩，学生可以对所设计的内容进行系统的回顾，总结工业机器人设计的方法和步骤，找出设计中存在的问题，进一步提高分析、解决工程实际问题的能力。

学生课程设计的最终成绩可以按照学生的学习态度、设计内容的完成情况、设计说明书撰写的质量及答辩时回答问题的情况等进行综合评定。成绩评定可以采用五级制。各级成绩的评定标准见表 1-1（供参考）。

表 1-1　工业机器人课程设计成绩评定标准

评定模块	评定内容	评定标准	分值
课程设计水平（60%）	文献检索	独立查阅文献资料；能对文献中的内容进行系统的分析、总结，并合理地运用到课程设计之中	15
	设计任务	独立完成设计任务书中要求的全部内容；设计思路清晰；方案合理可行；能够将所学理论知识运用于课程设计；设计计算数据准确；图样质量、数量符合要求	30
	说明书编写	逻辑结构合理，层次分明，思路清晰；语言表达准确；综合概括能力强；书写格式符合要求；图表、公式、单位及各种资料引用符合规范	15
设计阶段表现（20%）	工作量	能按时完成课程设计规定的工作量	10
	出勤表现	学习态度认真，作风严谨；按时与指导教师进行交流	10
答辩情况（20%）	设计内容陈述	陈述思路清晰，简明扼要，重点突出	10
	回答问题	思路清晰，回答正确	10

注：各部分成绩汇总后可采用五分制评定总成绩：优（90~100 分），良（80~89 分），中（70~79 分），及格（60~69 分），不及格（低于 60 分）。

1.3.2　课程设计进度安排

工业机器人课程设计的时间通常为 3 周，课程设计进度及内容安排见表 1-2（供参考）。

表 1-2　课程设计进度及内容安排

序号	设计内容	所需时间/天
1	设计任务分析、查阅相关文献资料	1
2	对资料进行分析总结	1
3	总体方案论证	2
4	机械结构设计及计算	2
5	绘制相关的零部件图	3
6	传感器选型	1
7	控制系统设计	3
8	编制课程设计说明书	2

1.4　课程设计中应注意的几个问题

对本科生而言，课程设计是一次比较全面的设计训练。在设计过程中必须端正态度、刻苦钻研、严谨做事、精益求精，还要积极思考、主动提问，遇到问题应当及时向指导教师汇报情况。此外，为了能在设计思想、设计方法和技能方面都获得比较大的锻炼和提高，还应注意以下几点。

1. 树立正确的工作态度，培养科学、有条理的工作方法

课程设计是在教师指导下由学生独立完成的设计。学生是设计的主体。教师的指导作用在于指明设计思路，启发学生独立思考，解答疑难问题，并按设计进度进行阶段审查。学生必须发挥自己的主观能动性，积极主动地思考问题、分析问题、解决问题，而不应过分地依赖教师，应当严肃认真地对待设计，培养精益求精的设计态度，制定严格的设计进度，有条不紊地完成课程设计任务。

2. 正确处理参考已有资料和创新设计之间的关系

任何设计都是以前人长期经验的积累作为基础来完成的。熟悉和利用已有的资料，既可避免许多重复工作，加快设计进程，同时也能保证设计质量。善于掌握和使用各种资料正是设计工作能力的重要体现。同时，任何一项新的设计都有其特定的要求和具体的工作条件，对于已有资料要知其然，更要知其所以然，避免盲目地照抄现有设计资料的做法。应从具体设计任务出发，广泛查阅相关资料，分析现有设计方案的优势与不足。借鉴其经验与长处，开拓设计思路，不断充实和完善设计方案，实现继承与创新的完美结合。

3. 正确使用标准和规范

在设计工作中，要遵守国家正式颁布的有关标准、设计规范。熟悉标准和熟练使用标准也是课程设计的重要任务之一。如带轮的直径和带的基准长度、齿轮的模数、轴承的尺寸等应取标准值。为了制造、测量和安装的方便，一些非标准件的尺寸，如轴的各段直径，应尽量圆整成标准数值或选用优先数值；传感器应尽量选择带有标准信号或数字信号输出的产品，以便于控制器进行信号采集。

设计工作中贯彻"三化"（标准化、系列化和通用化），可减轻设计工作量，缩短设计周期、增强互换性、降低设计和制造成本。"三化"程度的高低，也是评价设计质量是否优秀的指标之一。因此，在各项设计工作中应尽可能多地采用标准元件和通用元件，以提高设计质量。

第2章

机械系统设计

2.1　拟定机械臂设计方案

2.1.1　机械臂主要组成部分

1. 手部

手部即直接与工件接触的部分，一般为回转型或平动型（多为回转型，因其结构简单）。根据实际工作要求，手部可设计为两指（或多指）；也可以根据需要设计为外抓式或内抓式；还可以采用负压式或真空式的空气吸盘（主要用于可吸附的、光滑表面的零件或薄板零件），以及电磁吸盘。

本设计为焊接机器人，因此手部结构简单，仅仅通过螺栓将焊枪固定于腕部之上即可。

2. 腕部

腕部是连接手部和臂部的部件，并可用来调节焊枪的方位，以扩大焊枪的工作范围，并使手部变得更灵巧，适应性更强。手腕有独立的自由度，可进行回转运动、上下摆动、左右摆动。一般腕部设有回转运动再增加一个上下摆动即可满足工作要求，有些动作较为简单的专用机械手，为了简化结构，不设腕部，而直接用臂部运动驱动手部移动工件。

设计的焊接机器人的腕部的运动为1个自由度的回转运动，通过运动参数将手部回转的角度控制在±90°范围内。

3. 臂部

臂部是机械臂的重要握持部件。它的作用是支承腕部和手部（包括工件或夹具），并带动它们做空间运动。

通过臂部运动，把手部送到直线运动范围内任意一点。如要改变手部的姿态（方位），可用腕部的自由度加以实现。因此，一般来说臂部具有1个自由度就能满足基本要求，即臂部的伸缩运动。

臂部的运动通常用驱动机构和各种传动机构来实现。从臂部的受力情况分析，它在工作中同时受到腕部、手部的静、动载荷。因此，它的结构、工作范围、灵活性，以及抓重大小和定位精度直接影响机械臂的工作性能。

4. 腰部

通过腰部运动（即与基座相连的旋转运动）调整腰部以上的整体结构在工作空间内的位置，以满足末端执行器的工作位置要求。

机身的各种运动通常用驱动机构和各种传动机构来实现。从机身的受力情况分析，它在工作中同时受到臂部、腕部、手部的静、动载荷，而且自身运动较多，受力复杂。因此，它的结构、工作范围、灵活性，以及抓重大小和定位精度直接影响机械臂的工作性能。本次设计要实现腰部的回转运动，回转范围：−180°~ +180°。

5. 基座

机器人的基座一般分为两类：固定式基座和移动式基座。此次设计中选取固定式基座。基座承受一定的弯矩和扭矩，设计的时候应该合理地选择截面的尺寸。此外，基座需要支撑焊接机器人的整个机械臂结构，因此需要具备一定的刚度和稳定性，并且具备抵抗变形和冲击振动的能力。

2.1.2　驱动、传动方案选取

1. 驱动方案选取

工业机器人驱动系统，是机械臂运动的动力装置，为工业机器人各部位动作提供动力。按动力源可分为液压驱动、气压驱动和电气驱动三种基本驱动类型。根据需要也可采用由这三种基本驱动类型组合成的复合式驱动系统。

1）液压驱动是由动力源（发动机或电动机）驱动油泵产生压力油，压力油再驱动液压马达，由液压马达产生机器需要的动力。

2）与液压驱动相比较，气压驱动由于压缩空气黏度小，所以容易高速运行；由于可利用工厂集中空气压缩机站供气，减少了动力设备；空气介质不污染环境，安全高温下可正常工作；空气取之不竭、用之不尽，相对于油液廉价，故气压驱动元件比液压驱动元件价格更低。但是，气压驱动因难以实现伺服控制，多用于开关控制和顺序控制的机器人，例如，用于上、下料和冲压机器人的传动结构中。

3）电气驱动可分为普通交流电动机驱动、交/直流伺服电动机驱动和步进电动机驱动。电动机使用相对简单，并且随着制造电动机材料性能的提高，其性能也在随之提升，所以工业机器人中大多数采用电气驱动。

在电气驱动的伺服控制系统中，伺服电动机作为执行元件，把所收到的电信号转换成电动机的角位移或角速度输出，以驱动控制对象。驱动装置可以与机械结构系统直接相连，也可以通过传动装置进行间接驱动。

伺服电动机分为直流伺服电动机和交流伺服电动机两大类。本教程若没特别指出，伺服电动机一般指交流伺服电动机。

以上三种驱动方式的对比及选择见表2-1。

本教程设计的焊接机器人在工作中因需要较高的响应速度、位置控制精度及轨迹控制精度，对比表2-1可得，驱动方案选择电气驱动较为合适。同时，参照大多数工业机器人驱动方案，采用一个交流伺服电动机驱动一个关节的设计方案。

2. 传动方案选取

当驱动装置的性能要求不能与机械结构系统直接相连时，则需要通过传动装置进行间接驱动。传动装置的作用是将驱动装置的运动传递到关节和运动部位，并使其运动性能符合实际运动的需求，以完成规定的作业。工业机器人中驱动装置的受控运动必须通过传动装置带动机械臂产生运动，以确保末端执行器所要求的位姿并实现其运动。

表 2-1　三种驱动方式特点比较

特点	驱动方式		
	电气驱动	液压驱动	气压驱动
输出力	输出力较小	提高压力可获得大输出力	气体压力小,输出力较小,如需输出力大时,其结构尺寸过大
控制性能	容易与 CPU 连接,控制性能好,响应快,可精确定位,但控制系统复杂	油液不可压缩,压力、流量均容易控制,可无级调速,反应灵敏,可实现连续轨迹控制	可高速运行,冲击较严重,精确定位困难;气体压缩性大,阻尼效果差,低速不易控制,不易与 CPU 连接
结构性能及体积	伺服电动机易标准化,结构性能好,噪声低,电动机一般需配置减速装置,除直驱电动机外,难以直接驱动,结构紧凑,无密封问题	结构适当,执行机构可标准化、模拟化,易实现直接驱动。功率/质量比大,体积小,结构紧凑,密封问题较大	结构适当,执行机构可标准化、模拟化,易实现直接驱动。功率/质量比大,体积小,结构紧凑,密封问题较小
安全性	设备自身无爆炸和火灾危险,直流有刷电动机换向时有火花,对环境防爆性能较差	防爆性能好,用液压油作为传动介质,在一定条件下有火灾危险	防爆性能好,高于 1000kPa 时应注意设备的抗压性
使用范围	适用于中小负载、要求具有较高的位置控制精度和轨迹控制精度、速度较高的机械手等	适用于中、小型及重型机器人,重载、低速驱动	适用于中小型机器人,精度要求较低的、有限点位程序控制机械手等
响应速度	很快	较快	很快
维修使用	维修使用较复杂	维修方便,液体对温度变化敏感,油液泄漏易着火	维修简单,能在高温、粉尘等恶劣环境中使用
对环境的影响	无	液压系统易漏油,对环境造成污染	排气时会有噪声污染
成本	成本高	液压元件成本较高	成本低

常用的工业机器人传动装置有减速器、同步带和线性模组。

（1）减速器　工业机器人的机械传动装置采用的减速器与其他通用机械采用的减速器要求有所不同,其所用的减速器应具有功率大、传动链短、体积小、质量小和易于控制等特点。

精密的减速器不仅可以精确地将转速调整到工业机器人各关节所需要的速度,同时使机械本身具有较好的刚度并输出更大的转矩。目前常用的减速器有谐波减速器和 RV 减速器。

1）谐波减速器。

a）基本结构。谐波减速器的基本结构主要由波发生器、柔性齿轮和刚性齿轮组成。其基本结构如图 2-1 所示。

刚性齿轮简称为刚轮,由铸钢或 40Cr 钢制成,刚度好且不会产生变形,带有内齿圈。

柔性齿轮简称为柔轮,是一个薄钢板弯成的圆环,一般由合金钢制成,工作时可产生径向弹性变形并带有外齿,且外齿的齿数比刚性齿轮内齿数少。

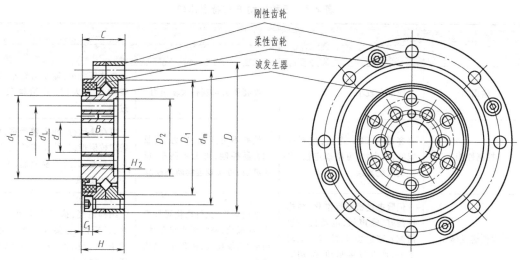

图 2-1 谐波减速器结构示意图

波发生器装在柔性齿轮内部,呈椭圆形,外圈带有柔性滚动轴承。

柔性齿轮和刚性齿轮的齿形分为直线三角齿形和渐开线齿形两种,其中渐开线齿形应用得较多。

波发生器、柔性齿轮和刚性齿轮三者可任意固定一个,其余两个就可以作为主动件和从动件。作为减速器使用时,通常采用波发生器主动,刚性齿轮固定,柔性齿轮输出的形式。

b)工作原理。当波发生器装入柔性齿轮后,迫使柔性齿轮的剖面由原先的圆形变成椭圆形,其长轴两端附近的齿与刚性齿轮的齿完全啮合,而短轴两端附近的齿则与刚性齿轮完全脱离,周长上其他区段的齿处于啮合和脱离的过渡状态。当波发生器沿某一方向连续转动时,会把柔性齿轮上的外齿压到刚性齿轮内齿圈的齿槽中去,由于外齿数少于内齿数,所以其每转一圈,柔性齿轮与刚性齿轮之间就产生了相对运动。在转动过程中,柔性齿轮产生的弹性波形类似于谐波,故称为谐波减速器。

c)特点。谐波减速器传动比特别大,单级的传动比可达到50~4000;整体结构小,传动紧凑;柔性齿轮和刚性齿轮的齿侧间隙小且可调,可实现无侧隙的高精度啮合;由于柔性齿轮与刚性齿轮之间属于面接触,而且同时接触到的齿数比较多,使得相对滑动速度比较小,承载能力高的同时还保证了传动效率高,可达到92%~96%;轮齿啮合转速低,传递运动力量平衡,因此运转安静且振动极小。

谐波减速器存在回差,即空载和负载状态下的转角不同。由于输出轴的刚度不够大,会造成卸载后有一定的回弹。基于此原因,一般使用谐波减速器时,应尽可能地靠近末端执行器,用在小臂、手腕等轻负载位置(主要用于20kg以下的机器人关节)。

2) RV 减速器。

a)基本结构。RV 减速器由第一级渐开线圆柱齿轮行星减速机构和第二级摆线针轮行星减速器机构两部分组成,是一个封闭差动轮系。

RV 减速器主要有太阳轮、行星轮、转臂(曲柄轴)、转臂轴承、摆线轮(RV 齿轮)、针轮、刚性盘和输出盘等零件组成,如图 2-2 所示。

太阳轮。太阳轮与输入轴相连接,负责传输电动机的输入功率,与其啮合的齿轮是渐开

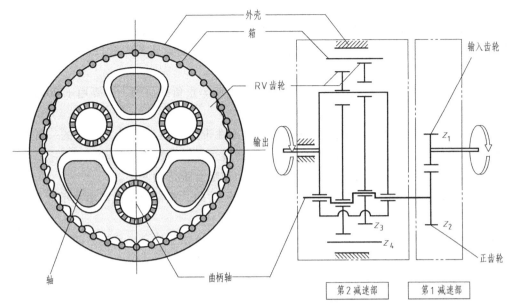

图 2-2　RV 减速器结构示意图

线行星轮。

行星轮。行星轮与转臂固连，三个行星轮均匀地分布在一个圆周上，起到功率分流作用，即将输入功率分成三路传递给摆线针轮行星机构。

转臂（曲柄轴）。转臂是摆线轮的旋转轴。它的一端与行星轮相连接，另一端与支承圆盘相连。它可以带动摆线轮产生公转，而且又支承着摆线轮产生自转。

摆线轮（RV 齿轮）。为了实现径向力的平衡，在该传动机构中，一般应采用两个完全相同的摆线轮，分别安装在转臂上，且两摆线轮的偏心位置相互成 180° 对称。

针轮。针轮与机架固定在一起，成为一个针轮壳，针轮上有一定数量的针齿。

刚性盘与输出盘。输出盘是 RV 传动机构与外界从动工作机相互连接的构件，输出盘与刚性盘相互连接成为一个整体而输出运动或力。在刚性盘上均匀分布着三个转臂的轴承孔，而转臂的输出端借助于轴承安装在该刚性盘上。

b）工作原理。主动的太阳轮通过输入轴与执行电动机的旋转中心轴相连。如果渐开线太阳轮顺时针方向旋转，它将带动三个呈 120° 布置的行星轮在公转的同时逆时针方向自转，进行第一级减速，并通过转臂带动摆线轮做偏心运动；三个转臂与行星轮相固连而同速转动，带动铰接在三个转臂上的两个相位差 180° 的摆线轮。使摆线轮公转。同时由于摆线轮与固定的针轮相啮合，在其公转过程中会受到针轮的作用力而形成与摆线轮公转方向相反的力矩，进而使摆线轮产生自转运动，完成第二级减速。输出机构（即行星架）由装在其上的三对转臂轴承来推动，把摆线轮上的自转向量等速传递给刚性盘和输出盘。

c）特点。RV 减速器传动比范围大、结构紧凑；输出机构采用两端支承的行星架，用行星架左端的刚性盘输出。刚性盘与工作机构用螺栓连接，故刚性大，抗冲击性能好；只要设计合理，制造装配精度保证，就可获得高精度和小间隙回差；除了针轮齿销支承部件外，其余部件均用滚动轴承进行支承，所以传动效率高；采用两级减速机构，使低速级的针摆转动公转速度减小，传动更加平稳；转臂轴承个数增多，而内外环相对转速下降，可提高其使用寿命。

与谐波减速器相比，RV减速器具有较高的疲劳强度、刚度及较长的使用寿命，而且回差精度稳定，不像谐波传动（随着时间的增长，运动精度就会显著降低），所以高精度机器人传动多采用RV减速器。

RV减速器一般放置在机器人的基座、腰部、大臂等重负载位置，主要用于20kg以上的机器人关节。

（2）同步带　带传动是利用张紧在带轮上的柔性带进行运动或动力传递的一种机械传动，通常用于传递平行轴之间的回转运动，或把回转运动转换成直线运动。

根据工作原理不同，带传动可分为摩擦带传动和啮合带传动两类。

摩擦带传动是依靠带与带轮之间的摩擦力传递运动的，按带的横截面形状不同可分为四种类型，即平带、V带、圆形带和多楔带。

啮合带传动通常是同步带传动，依靠带与带轮上的齿相互啮合来传递运动。本教程选用啮合带。其结构示意图如图2-3所示。

1）结构原理。同步带传动通常由主动轮、从动轮和张紧在两轮上的环形同步带组成。

同步带的工作面齿形有两种，即梯形齿和圆弧齿。带轮的轮缘表面也做成相应的齿形。运行时，带齿与带轮的齿槽相啮合传递运动和动力。同步带一般采用氯丁橡胶作为基材，并在中间加入玻璃纤维等伸缩刚性大的材料，齿面上覆盖耐磨性好的尼龙布。

2）特点。①同步带受载后变形小，带与带轮之间靠齿啮合传动，故无相对滑动，传动比恒定、准确，可用于定位；②同步带薄且轻，

图2-3　同步带示意图

可用于速度较高的场合，传动线速度可达40m/s，传动比可达10，传动效率可达95%；③结构紧凑，耐磨性好，传动平稳，能吸振，噪声小；④由于预拉力小，承载能力也较小，从动轴的轴承不宜过载；⑤制造和安装的精度要求高，需要保证严格的中心距，故调试成本较高。

由于同步带传动惯性小，且有一定的刚度，所以适用于机器人高速运动的轻载关节。

（3）线性模组　线性模组是一种直线传动装置，主要有两种方式：一种是由滚珠丝杠和直线导轨组成；另一种是由同步带组成。

线性模组常用于直角坐标机器人中，以完成运动轴相应的直线运动，也可以用于关节型机器人的移动式基座设计。本教程设计为固定式基座，以下内容供移动式基座设计参考。

1）滚珠丝杠型。

a）基本结构。滚珠丝杠是将回转运动转化为直线运动，或将直线运动转化为回转运动的机构，由丝杠、螺母、滚珠和导向槽组成，如图2-4所示。在丝杠和螺母上加工有弧形螺旋导向槽，当它们套装在一起时便形成螺旋滚道，并在滚道内装满滚珠，而螺母是安装在滑块上的。直线导轨由滑块和导轨组成，其中导轨的材料一般是铝合金型材。轴承座的作用是支承丝杠。有的模组自身带有驱动装置（如电动机），用驱动座固定；有的模组自身不带驱

动装置，需要额外的驱动设备通过传动轴来驱动丝杠。

b）工作原理。当丝杠相对螺母转动时，带动滚珠沿螺旋滚道滚动，迫使两者发生轴向相对运动，带动滑块沿导轨实现直线运动。为避免滚珠从螺母中掉出，在螺母的螺旋导向槽两端设有回程引导装置，使滚珠能循环地返回滚道，在丝杠与螺母之间构成一个闭合回路。

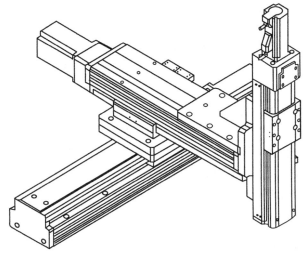

图 2-4　滚珠丝杠型结构图

c）特点。滚珠丝杠型线性模组的特点如下：①高刚度、高精度。由于滚珠丝杠副可进行预紧并消除间隙，因而模组的轴向刚度高，反向时无空行程（死区），重复定位精度高；②高效率。由于丝杠与螺母之间是滚动摩擦，摩擦损失小，一般传动效率可达 92%～96%；③体积小、质量轻、易安装、维护简单。

2）同步带型。

a）基本结构。同步带型线性模组主要由同步带、驱动座、支承座、直线导轨等组成，如图 2-5 所示。

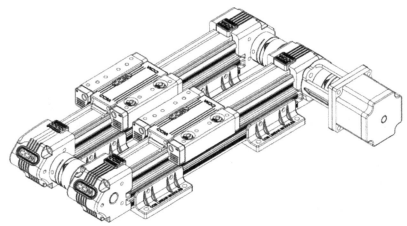

图 2-5　同步带型结构图

同步带型线性模组与同步带传动的结构相似，驱动座的带轮是主动轮，驱动模组直线运动，而支承座的带轮是从动轮，有张紧装置。直线导轨结构与滚珠丝杠型线性模组的工作原理类似，区别是它的滑块是固定在同步带上的。

b）工作原理。同步带安装在直线模组两侧的传动轴上，在同步带上固定一块用于添加设备、工件的滑块。当驱动座输入运动时，通过驱动同步带而使滑块运动。通常同步带型线性模组经过特定的设计，由支承座控制同步带运动的松紧，方便设备在生产过程中的调试。

2.1.3　确定工作空间

工业机器人的工作空间又称为工作范围、工作行程，是指机器人在工作时，手腕的参考中心位置（即手腕的旋转中心）所能到达的空间区域，工作空间在技术手册中常用图像表示。

工作空间的大小和形状反映了机器人的工作能力的大小，但是由于不同种类的机器人末端执行器的尺寸形状的多样性，为了真实准确地反应工业机器人的特征参数，在给定的工作区空间的基础上，需要通过比例作图或模型核算来判断工作空间是否满足实际需求。

本教程确定焊接机器人工作空间时，采用了改变某个关节变量来控制其他的关节变量的方法，用几何作图法画出工作空间的部分边界；改变其他关节变量，得到相应工作空间边界；重复此过程最终得到完整的工作空间。

2.1.4　自由度和坐标系

工业机器人的运动自由度是指各运动部件在三维空间相对于固定坐标系所具有的独立运动个数。对于一个构件来说，它有几个运动坐标就称其有几个自由度。各运动部件自由度的总和为机器人的自由度数。机器人的手部要像人手一样完成各种动作是比较困难的，因为人的手指、掌、腕、臂由19个关节组成，共有27个自由度。而生产实践中不需要机器人有这么多的自由度，一般为3~6个（不包括手部）。

本教程设计的焊接机器人具有的自由度为：腕部回转、腕部摆动、小臂部摆动、大臂部摆动及腰部回转。

工业机器人的结构形式主要有直角坐标结构、圆柱坐标结构、球坐标结构、关节型结构四种。各结构形式及其相应的特点分别介绍如下。

1. 直角坐标机器人结构

直角坐标机器人的空间运动是用三个相互垂直的直线运动来实现的，如图 2-6a 所示。由于直线运动易于实现全闭环的位置控制，所以直角坐标机器人可以达到很高的位置精度（微米级）。但是，直角坐标机器人的运动空间相对机器人的结构尺寸来讲比较小。因此，为了实现一定的运动空间，直角坐标机器人的结构尺寸要比其他类型的机器人的结构尺寸大得多。

直角坐标机器人的工作空间为一个空间长方体，其主要用于装配作业及搬运作业。直角坐标机器人有悬臂式、龙门式、壁挂式三种结构。

2. 圆柱坐标机器人结构

圆柱坐标机器人的空间运动是用一个回转运动及两个直线运动来实现的，如图 2-6b 所示。这种机器人构造比较简单，精度较高，常用于搬运作业。其工作空间是圆柱状空间。

3. 球坐标机器人结构

球坐标机器人的空间运动是由两个回转运动和一个直线运动来实现的，如图 2-6c 所示。

这种机器人结构简单、成本较低，但精度不高。主要应用于搬运作业。其工作空间是一个类球形的空间。

4．关节型机器人结构

关节型机器人的空间运动是由三个回转运动实现的，如图 2-6d 所示。关节型机器人动作灵活，结构紧凑，占地面积小。相对机器人本体尺寸，其工作空间比较大。此种机器人在工业中应用十分广泛，如焊接、喷漆、搬运、装配等作业都广泛采用这种类型的机器人。

关节型机器人结构，有水平关节型和垂直关节型两种。本教程设计的焊接机器人采用垂直关节型。

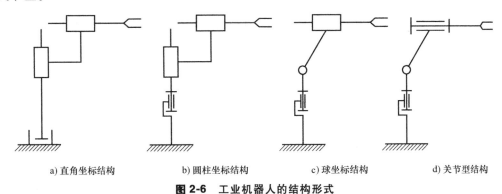

a) 直角坐标结构　　　b) 圆柱坐标结构　　　c) 球坐标结构　　　d) 关节型结构

图 2-6　工业机器人的结构形式

2.1.5　确定机械臂主要技术参数

机械臂具体参数可参照表 2-2 中的两种典型机器人参数。

表 2-2　典型型号机器人参数

机器人型号		IRB 40T	MH6
规格	承载能力	6kg	6kg
	控制轴数	6	
	安装方式	地面/壁挂/框架/倾斜/倒置	
工作范围	第 1 轴	360°	−170°～170°
	第 2 轴	200°	−90°～155°
	第 3 轴	−280°	−170°～250°
	第 4 轴	不限	−180°～180°
	第 5 轴	230°	−45°～225°
	第 6 轴	不限	−360°～360°
最大速度	第 1 轴	250°/s	220°/s
	第 2 轴	250°/s	250°/s
	第 3 轴	260°/s	200°/s
	第 4 轴	360°/s	220°/s
	第 5 轴	360°/s	410°/s
	第 6 轴	450°/s	610°/s

（续）

机器人型号		IRB 40T	MH6
重复精度定位		0.03mm/ISO 9238	±0.08/JISB8432
工作环境	工作温度	5°~45°	0°~45°
	储运温度	−25°~55°	−25°~55°
	相对湿度	≤90%RH	20%~80%RH

2.1.6　绘制机构简图

工业机器人的机构简图绘制方法，主要是通过判断不同关节的运动方式和工作空间，对最终装配完成的机器人各关节的运动简图进行组合并优化得到的。如图 2-7 所示，可以绘制不同运动关节的运动简图。

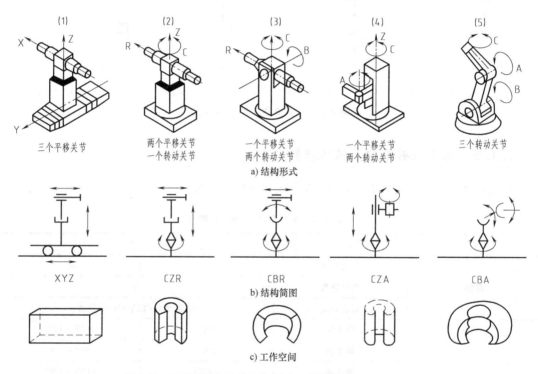

图 2-7　串联机器人关节结构形式、结构简图及工作空间

2.2　手腕设计

2.2.1　腕部设计的基本要求

1. 力求结构紧凑、质量轻

腕部处于手臂的最前端，它连同手部的静、动载荷均由臂部承担。显然，腕部的结构、质量和动力载荷，直接影响着臂部的结构、质量和运转性能。因此，在腕部设计时，必须力

求结构紧凑、质量轻。

2. 结构考虑，合理布局

腕部作为焊接机器人的执行机构，又承担连接和支承末端执行器的作用，除保证力和运动的要求、足够的强度、刚度外，还应综合考虑，合理布局，解决好腕部与臂部和手部的连接。

3. 必须考虑工作条件

对于本教程设计，焊接机器人的工作条件是在工作场合中焊接工件，一般情况下，最大载荷<10kg，因此不太受环境影响，没有处在高温和腐蚀性的工作介质中，所以对焊接机器人的腕部没有太多不利因素。

本教程设计腕部结构如图 2-8 所示，内部结构可参照如图 2-9 所示的腕部爆炸图。

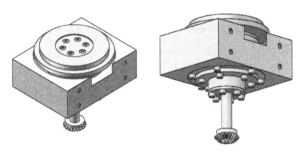

图 2-8　腕部示意图

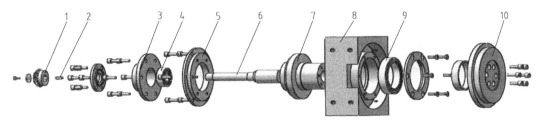

图 2-9　腕部爆炸图

1—锥齿轮　2—键　3—腕部下盘　4、9—轴承　5、7—减速器　6—手腕轴　8—腕部壳　10—腕部前端盘

2.2.2　选取驱动装置

作为焊接机器人，其腕部要求具有较高的位置控制精度、轨迹控制精度和较高的响应速度。参照表 2-1，腕部的驱动选取伺服电动机驱动，具体计算如下。

1. 驱动力计算

由结构已知，腕部回转是通过电动机带动减速器驱动运动的。预计回转关节质量 $M=1.6\text{kg}$，最大回转半径 $R=200\text{mm}$，腕部摆动的转动惯量为

$$
\begin{aligned}
J_1 &= \frac{1}{2}MR^2 \\
&= \frac{1}{2}\times1.6\times0.2^2\text{kg}\cdot\text{m}^2 \\
&= 0.032\text{kg}\cdot\text{m}^2
\end{aligned}
\tag{2-1}
$$

设机器人腕部俯仰角速度由 $\omega = 0$ 加速到 $\omega = 450°/s$ 所需时间 $t = 0.2s$，则腕部俯仰角加速度

$$
\begin{aligned}
\alpha &= \frac{\omega\pi}{180t} \\
&= \frac{450\pi}{180\times0.2} \text{rad/s}^2 \\
&= 39.25 \text{rad/s}^2
\end{aligned}
\tag{2-2}
$$

当末端执行器与小臂垂直，且位于水平面内时，其转矩最大。

腕部俯仰启动惯性矩

$$
T_1 = J_1\alpha = 1.256\text{N}\cdot\text{m}
\tag{2-3}
$$

负载静转矩

$$
T_2 = m_Lgl = 6\times9.8\times0.1\text{N}\cdot\text{m} = 5.8\text{N}\cdot\text{m}
\tag{2-4}
$$

则腕部转动的总转矩

$$
T_3 = T_1 + T_2 = 7.056\text{N}\cdot\text{m}
\tag{2-5}
$$

考虑到驱动部分减速器受工况影响，取综合工况系数 $k = 1.3$（取自文献），则减速器的额定输出转矩为

$$
T = T_3k = 9.1726\text{N}\cdot\text{m}
\tag{2-6}
$$

腕部回转关节角速度 $\omega = 450°/s$，腕关节按照最高转速选取 $n = 3000\text{r/min}$，通过额定输出转矩，则该关节的总传动比

$$
i_1 = \frac{n}{60\omega}\times360 = 40
\tag{2-7}
$$

额定输出转矩 $T = 9.29\text{N}\cdot\text{m}$，总传动比 $i_1 = 40$。

取谐波减速器的传动效率 $\eta = 0.85$，则驱动电动机的输出力矩为

$$
T_{out} = \frac{T}{i_1\eta} = 0.27\text{N}\cdot\text{m}
\tag{2-8}
$$

电动机转速为

$$
\omega = \frac{2\pi\eta}{60}
\tag{2-9}
$$

电动机功率为

$$
p = T_{out}\omega = 0.085\text{kW}
\tag{2-10}
$$

可知电动机的额定输出转矩 $T = 9.1726\text{N}\cdot\text{m}$，输出力矩 $T_{out} = 0.27\text{N}\cdot\text{m}$，额定转速 $n = 3000\text{r/min}$。

同时，腕部摆动运动是通过交流伺服电动机与减速机构驱动的。

已知，摆动部分腕部重心到回转中心的距离 $l_2 = 100\text{mm}$，腕部摆动最大半径 $r_2 = 200\text{mm}$。

摆动运动时，其转动惯量为

$$
J_2 = \frac{1}{12}m_1l_2^2 + \frac{1}{2}m_2r_2^2 = 0.12\text{kg}\cdot\text{m}^2
\tag{2-11}
$$

式中，m_1 是空载时腕部总质量，约为 1.6kg；m_2 是负载质量，约为 6kg。

设机器人腕部摆动角速度从 $\omega = 0$ 加速到 $\omega = 450°/s$ 所需时间 $t = 0.2s$，则腕部摆动的角

加速度

$$\alpha = \frac{\omega\pi}{180t} = 39.25\text{rad/s}^2 \tag{2-12}$$

腕部俯仰启动惯性矩为

$$T_2 = J_2\alpha = 4.71\text{N}\cdot\text{m} \tag{2-13}$$

负载静转矩（静摩擦力忽略不计）

$$M_{静} = m_1 g l_2 = 1.568\text{N}\cdot\text{m} \tag{2-14}$$

腕部摆动的总转矩：

$$T_3 = M_{静} + T_2 = 6.278\text{N}\cdot\text{m}$$

考虑到机器人各部分传动结构转动惯量及摩擦力矩的影响，故选择减速器工况系数 $k = 1.3$，计算得减速器的额定输出转矩为 $T = kT_3 = 8.16\text{N}\cdot\text{m}$。

按照额定输出转矩、最高转速选择电动机型号。

腕部摆动关节角速度 $\omega = 450°/\text{s}$，腕关节按照最高转速选取 $n = 3000\text{r/min}$，通过额定输出转矩，设同步带的传动比 $i_0 = 2$，则该关节的总传动比为

$$i_1 = \frac{n}{60\omega} = 40$$

$$i = i_1/i_0 = 20$$

额定输出转矩 $T = 8.16\text{N}\cdot\text{m}$，总传动比 $i = 20$。

取同步带、减速器的传动效率均为 $\eta = 0.85$，则驱动电动机的输出力矩为

$$T_{\text{out}} = \frac{T}{i_1\eta} = 0.24\text{N}\cdot\text{m}$$

电动机转速为

$$\omega = \frac{2\pi\eta}{60}$$

电动机功率

$$p = T_{\text{out}}\omega = 0.075\text{kW}$$

可知电动机的额定输出转矩 $T = 8.22\text{N}\cdot\text{m}$，输出力矩 $T_{\text{out}} = 0.24\text{N}\cdot\text{m}$，额定转速 $n = 3000\text{r/min}$。

2. 驱动电动机选型

为了保证焊接末端执行器的运动性能、位姿精度及响应速度，要求选取的电动机具有良好的快速响应特性，随着控制信号的变化，电动机应在较短的时间内完成必需的动作。

负载惯量是确定电动机的响应和关节快速运动时间的关键因素，因此，选择电动机时，要考虑到电动机所驱动的负载大小。在满足转矩、转速等参数的基础上，选择在响应速度等方面满足整体或部分关节运动的电动机型号。

42 系列两相混合式步进电动机参数见表 2-3，以供参考。

参照表 2-3，本教程选取电动机型号为 2HB42-38（二相步进电动机）。

2.2.3 选取传动装置

1. 减速器选取

减速器是一种相对精密的结构组件，其作用是降低传动结构输出的转速，增加转矩。减

表 2-3　42 系列两相混合式步进电动机

通用参数	
步进精度	5%
温升	80℃（max）
环境温度	−20～+50℃
绝缘电阻	100MΩ,500VDC（min）
耐压	500V AC（1min）
径向跳动	最大 0.06mm（450g 负载）
轴向跳动	最大 0.08mm（450g 负载）

型号	步距角	电动机长度 /mm	保持转矩 /N·m	额定电流 /A	相电阻 /Ω	相电感 /mH	转子惯量 /g·cm²	电动机质量 /kg
2HB42-33		33	0.16	0.95	4.2	2.5	38	0.2
2HB42-38	1.8°	38	0.26	1.2	3.3	3.2	54	0.28
2HB42-47		47	0.317	1.2	3.3	2.8	66	0.35

速器种类繁多、型号各异，能够满足不同环境和要求下的需求。其主要类型和特点如前所述。

通过综合计算考虑，本教程选取适合焊接机器人腕部运动的谐波减速器作为腕部的传动装置。

由前面设计过程可知，腕部摆动关节角速度 $\omega = 450°/s$，腕关节按照最高转速选取 $n = 3000r/min$，通过额定输出转矩，设同步带的传动比 $i_0 = 2$，则该关节的总传动比为

$$i_1 = \frac{n}{\omega} = \frac{3000 \times 360°}{60 \times 450°} = 40$$

$$i = i_1/i_0 = 20$$

查表选取符合总传动比合适的谐波减速器型号即可。

2. 锥齿轮选取

锥齿轮用于传递两相交轴之间的运动和动力，有直齿、斜齿和曲线齿之分，其中直齿锥齿轮最为常见，轴交角可为任意角度，最常用的是 90°。

直齿锥齿轮传动的强度计算和设计较为复杂。为了简化，将一对直齿锥齿轮传动转化为一对当量直齿圆柱齿轮进行计算和设计。具体过程见表 2-4。

由表 2-4 中设计公式可知，腕部锥齿轮传动所设计的齿轮参数为：模数 $m = 1$，齿数 $z = 20$，齿形角 20°。

表 2-4　直齿锥齿轮计算公式表

名称及代号	计算公式
齿数比 u	$u = \dfrac{z_2}{z_1}$
当量齿数 z_v	$z_v = \dfrac{z}{\cos\delta}$
当量齿数的齿数比 u_v	$u_v = \dfrac{z_{v2}}{z_{v1}} = u^2$
分锥角 δ	$\tan\delta_1 = \dfrac{z_1}{z_2} = \dfrac{1}{u}$

（续）

名称及代号	计算公式
大端模数 m	由强度计算或结构设计确定
大端分度圆直径 d	$d = mz$
锥距 R	$R = \dfrac{d_1}{2\sin\delta_1} = \dfrac{d_2}{2\sin\delta_2} = \dfrac{m}{2}\sqrt{z_1^2 + z_2^2}$
齿宽系数 ψ_R	$\psi_R = \dfrac{b}{R} \leqslant \dfrac{1}{3}$ b 为齿宽，一般 $\psi_R = 0.25 \sim 0.3$
平均分度圆直径 d_m	$d_m = (1 - 0.5\psi_R)d$
平均模数 m_m	$m_m = \dfrac{d_m}{z} = (1 - 0.5\psi_R)m$
齿高 h	$h = h_a + h_f$
大端顶圆直径 d_a	$d_a = d + 2h_a\cos\delta$
齿顶角 θ_a	不等顶隙收缩齿 $\tan\theta_a = \dfrac{h_a}{R}$ 等顶隙收缩齿 $\theta_{a1} = \theta_{f2}, \theta_{a2} = \theta_{f1}$
齿根角 θ_f	$\tan\theta_f = \dfrac{h_f}{R}$
顶锥角 δ_a	不等顶隙收缩齿 $\delta_{a1} = \delta_1 + \theta_{a1}, \delta_{a2} = \delta_2 + \theta_{a2}$ 等顶隙收缩齿 $\delta_{a1} = \delta_1 + \theta_{f2}, \delta_{a2} = \delta_2 + \theta_{f1}$
根锥角 δ_f	$\delta_{f1} = \delta_1 - \theta_{f1}, \delta_{f2} = \delta_2 - \theta_{f2}$

2.3　小臂设计

2.3.1　臂部设计基本要求

1. 臂部应承载能力大、刚度好、自重轻

对于机械手臂部或机身的承载能力，通常取决于其刚度。关节型机器人臂部一般结构上较多采用悬臂梁形式（水平或垂直悬伸）。显然伸缩臂杆的悬伸长度越大，则刚度越差，而且其刚度随着臂杆的伸缩不断变化，对机械手的运动性能、位置精度和负荷能力影响很大。

为提高刚度，除尽可能缩短臂杆的悬伸长度外，还应注意以下几方面：

1）根据受力情况，合理选择截面形状和轮廓尺寸。

2）合理选择支承点的距离。

3）合理布置作用力的位置和方向。

4）注意简化结构。

5）提高配合精度。

2. 臂部运动速度要高，惯性要小

机械手手部的运动速度是机械手的主要参数之一，它反映机械手的作业效率。在速度和回转角速度一定的情况下，减小自身质量是减小惯性的最有效，最直接的办法，因此，机械手臂部要尽可能地轻。减小惯性具体有四个途径：

1）减少手臂运动件的质量，采用铝合金材料。

2）减少臂部运动件的轮廓尺寸。

3）减少回转半径 ρ，在安排机械手动作顺序时，先伸缩后回转（或先回转后伸缩），尽可能在较小的前伸位置下进行回转动作。

4）在驱动系统中设缓冲装置。

3. 手臂动作应该灵活

为减少手臂运动之间的摩擦阻力，尽可能用滚动摩擦代替滑动摩擦。对于悬臂式的机械手，其传动件、导向件和定位件布置应合理，使手臂运动尽可能平衡，以减少对升降支承轴线的偏心力矩，特别要防止机构发生卡死（自锁）现象。为此，必须计算使之满足不自锁的条件。

4. 位置精度要求高

一般来说，直角和圆柱坐标式机械手位置精度要求较高，关节式机械手的位置精度最难控制，故精度差。在手臂上加设定位装置和检测结构，能较好地控制位置精度，检测装置最好装在最后的运动环节以减少或消除传动、啮合件间的间隙。

除此之外，要求机械手的通用性要好，能适合多种作业的要求；工艺性好，便于加工和安装；用于热加工的机械手，还要考虑隔热、冷却；用于作业区粉尘大的机械手还要设置防尘装置等。

以上设计要求部分相互制约，故应该综合考虑这些问题，才能设计出性能良好的机械手。

值得注意的是，由于在不同工况下对于工业机器人的整体自由度的要求不同，可以在小臂处添加额外的摆动关节以满足不同的自由度要求。为对这一设计目的进行说明，在本教程中，以焊接机器人为例，通过设计两节小臂，满足增加焊接机器人自由度的要求。

鉴于每节小臂结构设计过程相似，在选取小臂关节处驱动和传动装置时，仅以主要驱动关节为例说明内容。

图 2-10 所示为两节小臂结构三维图，其组成说明如图 2-11 所示。

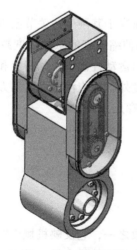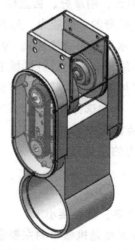

图 2-10　小臂三维图

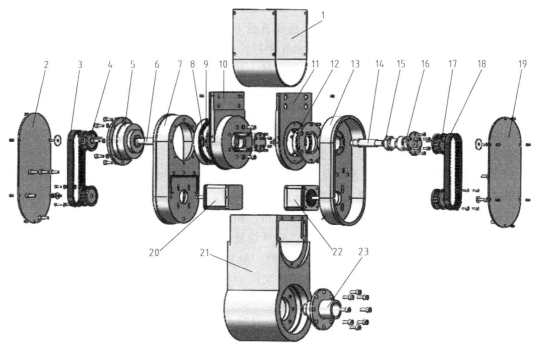

图 2-11　小臂爆炸图

1—小臂上外护板　2、19—小臂两侧外板　3、18—同步带　4、17—同步带轮
5—减速器　6—小臂左轴　7—小臂左下　8、9、12、15、16—轴承　10—小臂左上
11—小臂右上　13—小臂右下　14—小臂右轴　20、22—电动机　21—小臂中壳　23—小臂中盘

2.3.2　选取驱动装置

驱动装置的选取参照腕部电动机选型过程，可得小臂摆动时电动机型号为 2HB42-47（二相步进电动机）。

2.3.3　选取传动装置

小臂处传动装置仅涉及同步带传动。

同步带传动由一根内周表面设有等间距齿形的环形带及具有相应啮合齿的带轮组成。传动时，通过带齿与轮齿齿槽的啮合来传递动力。同步带传动无相对滑动，可以获得恒定的传动比，具有传动平稳、能吸振、工作噪声小、传动比范围大等优点。更适合于高精度小负载机器人的关节处传动。

参考前文中对同步带的介绍，腕部摆动的传动装置建议使用同步带传动。

2.4　大臂设计

2.4.1　大臂设计的基本要求

大臂设计基本要求与小臂设计基本要求大致相似，本教程仅对补充部分进行说明。

机器人手臂的作用是在一定的载荷和一定的速度下，实现在机器人所要求的工作空间内的运动。所以在进行机器人手臂设计时，还要遵循下述原则：

1）应尽可能使机器人手臂各关节轴相互平行，相互垂直的轴应尽可能相交于一点，这样可以简化机器人运动学正逆运算，有利于机器人的控制。

2）机器人手臂的结构尺寸应满足机器人工作空间的要求。工作空间的形状和大小与机器人手臂的长度、手臂关节的转动范围有密切的关系。但机器人手臂末端工作空间并没有考虑机器人手腕的空间姿态要求，如果对机器人手腕的姿态提出具体的要求，则其手臂末端可实现的空间要小于上述没有考虑手腕姿态的工作空间。

3）为了提高机器人的运动速度及控制精度，应在保证机器人手臂有足够强度和刚度的条件下，尽可能在结构上、材料上设法减轻手臂的质量。

在轻量化设计中，可选用高强度的轻质材料，如选用高强度铝合金制造机器人手臂，甚至可采用碳纤维复合材料制造机器人手臂。碳纤维复合材料抗拉强度高、抗振性好、密度小（其密度相当于钢的1/4，相当于铝合金的2/3），但是价格昂贵，且性能稳定性及制造复杂形状工件的工艺尚存在问题，故还未能在生产实际中推广应用。也可以通过有限元软件辅助进行机器人手臂结构的优化设计。

4）机器人各关节的轴承间隙要尽可能小，以减小机械间隙所造成的运动误差。为此，各关节还应有工作可靠、便于调整的轴承间隙调整机构。

5）机器人的手臂相对其关节回转轴应尽可能在质量上平衡，以减小电动机负载和提高机器人手臂运动的响应速度。在设计机器人的手臂时，应尽可能利用在机器人上安装的机电元器件及装置的质量来减小机器人手臂的不平衡质量，必要时还要设计平衡机构来平衡手臂残余的不平衡质量。

6）机器人手臂在结构上要考虑各关节的限位开关和具有一定缓冲能力的机械限位块以及驱动装置、传动机构及其他元件的安装。

本教程设计大臂部件的三维视图如图2-12所示，其内部结构如图2-13所示。

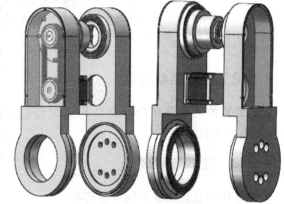

图2-12 大臂三维图

2.4.2 选取驱动方案

大臂驱动方案采用步进电动机驱动行星齿轮减速器，以同步带驱动大臂进行摆动实现位姿变化。

大臂驱动所需的步进电动机进行选取的过程可参照腕部驱动电动机的选型过程进行选取。

本教程设计中选取的电动机型号为2HB57-56（二相步进电动机）。

2.4.3 选取传动方案

大臂部分的传动方案涉及行星齿轮减速器及同步带，前文涉及减速器选型等内容，因此

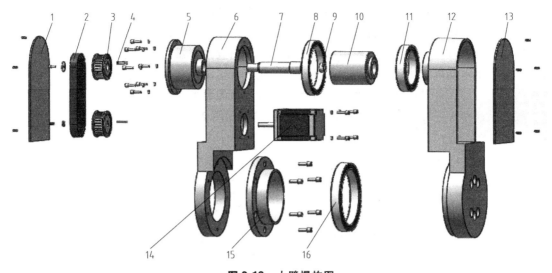

图 2-13　大臂爆炸图

1、13—大臂两侧外板　2—同步带　3—同步带轮　4—键　5、10—减速器　6—大臂左
7—大臂左轴　8、9、11、16—轴承　12—大臂右　14—电动机　15—大臂左下盘

仅对行星齿轮减速器的特点进行简单介绍：行星齿轮减速器的最大特点是传动效率很高（单级可达到 96%~99%），传动比范围广，传动功率 12W~50000kW，体积和质量比普通的齿轮、蜗杆减速器小得多。

对于同步带的选择，参照小臂所用同步带的设计选型过程，选择大臂部件的同步带为 RBT5M-70-090，带长 257mm，带宽 9mm，齿数 70。

2.5　腰部设计

2.5.1　腰部设计要求

工业机器人腰部即关节型机器人的回转基座。它是机器人的第一个回转关节，机器人的运动部分全部安装在腰部上，它承受了机器人的全部质量。在设计机器人腰部结构时，要注意以下设计原则：

1）腰部要有足够大的安装基面，以保证机器人在工作时整体安装的稳定性。

2）腰部要承受机器人全部的质量和载荷，因此，机器人的基座和腰部轴及轴承的结构要有足够大的强度和刚度，以保证其承载能力。

3）机器人的腰部是机器人的第一个回转关节，它对机器人末端的运动精度影响最大，因此，在设计时要特别注意腰部轴系及传动链的精度和刚度的保证。

4）腰部的回转运动要有相应的驱动装置，它包括驱动器（电动、液压及气动）及减速器。驱动装置一般都带有速度与位置传感器及制动器。

5）腰部结构要便于安装、调整。腰部与机器人手臂的连接要有可靠的定位基准面，以保证各关节的相互位置精度。要设有调整机构，用来调整腰部轴承间隙及减速器的传动间隙。

6）为了减轻机器人运动部分的惯量，提高机器人的控制精度，一般腰部回转运动部分的壳体是由密度较小的铝合金材料制成，而不运动的基座是用铸铁或铸钢材料制成。

同时，在本教程中选用了柔轮谐波减速器，这种谐波减速器只有刚轮、柔轮和谐波发生器三部分，由电动机直接驱动减速器带动腰部实现回转运动。本教程中机器人采用深沟球轴承作为支承元件，可以达到高精度、刚度大、承载力高等要求。

腰部设计参考三维图如图 2-14 所示，其内部结构如图 2-15 所示。

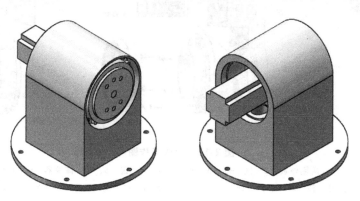

图 2-14　腰部三维图

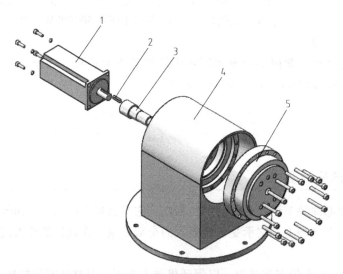

图 2-15　腰部爆炸图

1—电动机　2—键　3—腰部驱动轴　4—腰部　5—减速器

2.5.2　选取驱动方案

腰部的驱动方式是通过同步带基座下的电动机带动同步带，从而驱动同步带另一端的谐波减速器运动，以实现腰部回转运动。

腰部的驱动方案设计主要内容为选取腰部驱动电动机的型号。关于驱动电动机选型的设计过程，可参照腕部电动机的选取过程。

本教程中，腰部选取的伺服电动机型号为 SM80-013-30-LFB。

2.5.3　选取传动方案

腰部与基座之间传动方案选取为同步带传动。一端连接驱动电动机，另一端连接谐波减速器，通过谐波减速器的减速完成腰部回转运动的实现。

传动方案设计的主要内容涉及同步带传动设计和谐波减速器的选型。同步带传动设计过程详情可参照小臂部分的具体设计过程，最终确定型号为 RBT5GT-100-150，带长为429mm，带宽为15mm，齿数为100。

2.6　基座设计

机器人的基座一般分为固定式基座和可动式基座两类。常见工业机器人为固定式基座，本教程设计中也选取固定式基座。根据机器人工作环境要求，可以参照线性模组内容进行移动式基座设计。

设计基座的结构时应该注意到，基座会承受一定的弯矩和扭矩，设计的时候应该合理地选择截面的尺寸。基座需要支承整个取件机器人的上肢结构，因此需要具备一定的刚度和稳定性，并且具备抵抗变形和抵抗冲击振动的能力。

本教程提供基座设计可以参考如图 2-16 所示的基座三维图，其内部结构如图 2-17 所示。

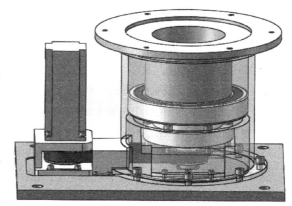

图 2-16　基座三维图

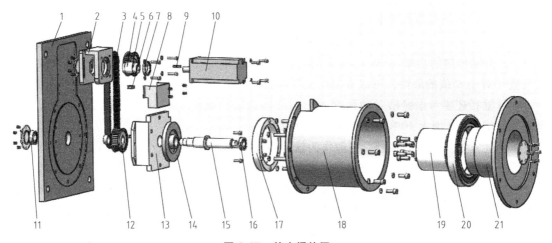

图 2-17　基座爆炸图

1—底板　2—基座电动机支座　3—同步带　4—基座电动机驱动轴　5、12—同步带轮　6、9—键

7、11、16、20—轴承　8—基座传动外壳　10—电动机　13—基座电动机支座

14、17、19—减速器　15—基座主轴　18—基座下　21—基座上

第3章 零部件设计

3.1 轴系零件的设计和校核

3.1.1 轴的设计

在一般情况下，轴的工作能力决定于它的强度和刚度，而对于高速转轴，还需要考虑振动稳定性。在设计轴时，除了应按照工作能力准则进行设计计算或校核计算外，在结构设计上还需要满足其他一系列的要求，例如：

1) 多数轴上零件不允许在轴上做轴向移动，确定的零件需要有确定的位置。

2) 为传递转矩，轴上零件还应做周向固定。

3) 对轴与其他零件间有相对滑动的表面应有耐磨性的要求。

4) 轴的加工、热处理、装配、检验、维修等都应该有良好的工艺性等。

同时，轴在结构设计中，理论计算与结构设计应该交替进行，相辅相成，相互修正。

对于轴系零件的设计，最初着手的是初步计算轴的直径。因为联轴器和滚动轴承的型号是根据轴端直径确定的，而且轴的结构设计是在初步计算轴颈的基础上进行的，所以需要先估算轴颈。

轴的直径可按照扭转强度法进行估算，即

$$d = C \sqrt[3]{P/n} \tag{3-1}$$

式中，P 为轴传递的功率（kW）；n 为轴的转速（r/min）；C 为由轴的材料和受载情况确定的系数（对于 C 值的取法，可以参阅相关资料）。

估算轴径还要考虑键槽对轴强度的影响。当该轴段截面上有一个键槽时，d 增大 5%；有两个键槽时，d 增大 10%。轴径应圆整为标准值。

按上述方法计算出的轴径，一般作为输入、输出轴外伸端的最小直径。对于中间轴，也作为最小直径，即轴承处的轴径。若作为齿轮轴的轴径，则 C 要取最大值。

若减速器高速轴外伸端用联轴器与电动机相连，则外伸端轴径应考虑电动机轴及减速器毂孔的直径尺寸，外伸端轴径和电动机轴径应相差不大，它们的直径应在所选联轴器毂孔最大、最小直径的允许范围内。若超出该范围，则应重选联轴器或改变轴径。

推荐采用的减速器高速轴外伸端轴径，可用电动机轴径估算

$$d = (0.8 \sim 1.2) D \tag{3-2}$$

对于轴的结构设计，主要考虑将轴分为轴颈、轴头、轴身三部分。轴颈部分为被支承部分，轴头部分安装轮毂，而连接这两部分的为轴身。轴径和轴头部分的直径应该按规范取圆

整尺寸，特别是安装滚动轴承部分的轴径必须按轴承的内直径选取。

下面以工业机器人基座驱动轴为例介绍轴的设计过程。

1. 初估轴径

由式（3-1）估算，并结合前文中对电动机的选取，可得 $d = 17\text{mm}$。

在传动动力段Ⅰ—Ⅰ段画出参考轴径。

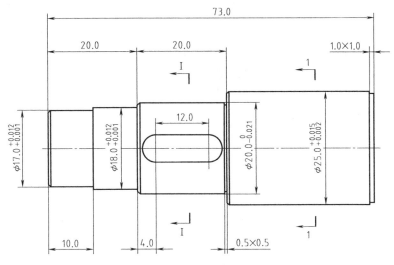

图 3-1　初估轴径

根据轴上深沟球轴承 6009-2RS 与轴的装配关系等，确定其定位尺寸及轴颈长度。轴头部分尺寸由安装时与定位装置的装配关系确定，最终可得初步设计的轴结构图如图 3-2 所示。

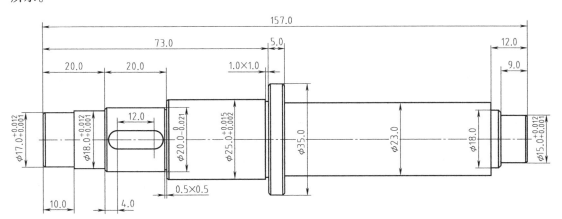

图 3-2　轴结构及尺寸标注示意图

2. 轴的校核

轴的强度校核计算主要有三种方法：许用切应力计算、许用弯曲应力计算和安全系数校核计算。

许用切应力计算只需要知道转矩的大小，方法简便但计算精度较低。主要适用于传递以转矩为主的传动轴，初步估算轴径以便进行结构设计。常用于设计不重要的轴。校核过程中，若计入所受弯矩，可以在计算中适当降低许用切应力。

进行许用弯曲应力计算前，需要已知作用力的大小和作用点的位置、轴承跨距、各段轴径等参数。为此，可以先按照转矩估算轴的尺寸并进行轴的结构设计后，绘制轴的弯扭合成图，然后计算危险截面处的最大弯曲应力。此方法主要用于计算一般重要性的弯扭复合轴，计算精度中等。

安全系数校核计算在结构设计后进行，不仅要定出轴的各段直径，而且要定出过渡圆角、轴毂配合、表面粗糙度等细节。主要适用于重要的轴，计算精度较高但计算复杂，且常需要有足够的材料参数才能进行。安全系数校核计算能够判断各危险截面的安全程度，从而改善各薄弱环节，有利于提高轴的疲劳强度。

相关校核详细介绍可参考专业基础课程中"机械设计课程设计"的相关内容。

本教程对基座轴进行校核，步骤如下。

（1）许用切应力计算　受到转矩 T（N·mm）的实心圆轴，其切应力为

$$\tau_T = \frac{T}{W_T} = \frac{9.55 \times 10^6 P/n}{0.2d^3} \leqslant [\tau_T] \text{MPa} \tag{3-3}$$

写成设计公式，轴的最小直径为

$$d \geqslant \sqrt[3]{\frac{9.55 \times 10^6 P}{0.2[\tau_T]n}} = C\sqrt[3]{\frac{P}{n}} \text{mm} \tag{3-4}$$

式中，W_T 为轴的抗扭截面系数（mm^3）；n 为轴的转速（r/min）；$[\tau_T]$ 为许用切应力（MPa）；P 为传递的功率（kW）；C 为与轴材料有关的系数，可由表 3-1 查得。

表 3-1　材料系数 C 选取表

轴的材料	Q235,20		Q255,Q275,35		45		40Cr,38SiMnMo		
$[\tau_T]$/MPa	12	15	20	25	30	35	40	45	52
C	160	148	135	125	118	112	106	102	98

（2）许用弯曲应力计算　由弯矩产生的弯曲应力 σ_b 应不超过许用弯曲应力 $[\sigma_b]$。校核计算顺序如下：

1）作出轴的空间受力简图。将轴上作用力分解为水平面受力和垂直面受力，求出水平面和垂直面上的支承点反作用力。

2）分别作出水平面上的弯矩 M_{xy} 图和垂直面上的弯矩 M_{xz} 图。

3）作出合成弯矩 $M = \sqrt{M_{xy}^2 + M_{xz}^2}$ 图。

4）作出转矩 T 图。

5）应用 $M' = \sqrt{M^2 + (aT)^2}$ 绘出当量弯矩 M' 图（式中，a 为根据转矩性质而定的应力校正系数）。

6）计算应满足下列条件

$$\sigma_b = \frac{M'}{W} = \frac{M'}{0.1d^3} \leqslant [\sigma_{-1b}] \tag{3-5}$$

或

$$d \geqslant \sqrt[3]{\frac{M'}{0.1[\sigma_{-1b}]}} \qquad (3\text{-}6)$$

式中，W 为轴的抗弯截面系数，带键槽轴和花键轴截面系数和面积见表 3-2。

表 3-2 截面系数

截面图	截面系数	截面图	截面系数
	$W = \dfrac{\pi}{32}d^3 \approx 0.1d^3$ $W_r = \dfrac{\pi}{32}d^3 \approx 0.1d^3$		$W = \dfrac{\pi}{32}d^3\left(1 - 1.54\dfrac{d_0}{d}\right)$ $W_r = \dfrac{\pi}{16}d^3\left(1 - \dfrac{d_0}{d}\right)$
	$W = \dfrac{\pi}{32}d^3(1 - r^4)$ $W_r = \dfrac{\pi}{16}d^3(1 - r^4)$ $r = \dfrac{d_1}{d}$		$W = \dfrac{\pi}{32}d^3\dfrac{bt(d-t)^2}{d}$ $W_r = \dfrac{\pi}{16}d^3\dfrac{bt(d-t)^2}{d}$
	$W = \dfrac{\pi}{32}d^3\dfrac{bt(d-t)^2}{2d}$ $W_r = \dfrac{\pi}{16}d^3\dfrac{bt(d-t)^2}{2d}$		

转轴和心轴的许用弯曲应力见表 3-3。

表 3-3 转轴和心轴的许用弯曲应力

材料	σ_b	$[\sigma_{+1b}]$	$[\sigma_{0b}]$	$[\sigma_{-1b}]$
碳素钢	400	130	70	40
	500	170	75	45
	600	200	95	55
	700	230	110	65
合金钢	800	270	130	75
	1000	330	150	90
铸钢	400	100	50	30
	500	120	70	40

（3）安全系数校核计算

1）疲劳强度计算。疲劳强度的校核即计入应力集中、表面状态和尺寸影响的精确校核。如上文所述，绘制弯矩 M 图和转矩 T 图以后，选择轴上的危险截面进行校核。根据截面上所受到的弯矩和转矩，可计算弯曲应力和切应力，然后分别求出弯矩作用下的安全系数

S_σ 和转矩作用下的安全系数 S_τ，有

$$\alpha_n = 20°$$

$$S_\sigma = \frac{k_N \sigma_{-1b}}{\dfrac{k_\sigma}{\beta \varepsilon_\sigma} \sigma_a + \varphi_\sigma \sigma_m} \tag{3-7}$$

$$S_\tau = \frac{k_N \tau_{-1}}{\dfrac{k_\tau}{\beta \varepsilon_\tau} \tau_a + \varphi_\tau \tau_m} \tag{3-8}$$

式中，k_σ 和 k_τ 为弯矩和转矩作用下的有效应力集中系数；β 为表面状态系数；ε_σ 和 ε_τ 为影响弯曲应力和切应力的尺寸系数；φ_σ 和 φ_τ 为应力幅等效系数；k_N 为寿命系数。

计算复合安全系数并应满足下列条件

$$S = \frac{S_\sigma S_\tau}{\sqrt{S_\sigma^2 + S_\tau^2}} \geqslant [S] \tag{3-9}$$

2）静强度校核。静强度校核的目的在于校核轴对塑性变形的抵抗能力。轴上的尖峰载荷即使作用时间很短且出现次数很少，不足以引起疲劳破坏，但却能使轴产生塑性变形。设计时应当按尖峰载荷进行静强度校核，在校核时取

$$d_1 \geqslant \sqrt[3]{\frac{2KT_1}{\varphi_d} \frac{u \pm 1}{u} \left(\frac{Z_E Z_H Z_\varepsilon}{[\sigma_H]} \right)^2} \tag{3-10}$$

$$\begin{cases} S_\sigma = \dfrac{\sigma_{sb}}{\sigma_{max}} \\[2mm] S_\tau = \dfrac{\tau_s}{\tau_{Tmax}} \end{cases} \tag{3-11}$$

式中，σ_{max} 和 τ_{Tmax} 为尖峰载荷所产生的弯曲应力和切应力；σ_{sb} 和 τ_s 为材料的弯曲和剪切屈服极限。

在把轴上的作用力和反作用力简化时，一般把载荷看作集中作用在轮毂、轴头或轴径的中点。

3.1.2 轴校核

以本教程设计的焊接机器人基座轴进行设计和强度校核为例，校核计算步骤如下。

1. 判断危险截面位置

对轴的受力情况进行大致分析可知，在轴径变化的位置最容易发生应力集中并产生危险截面。由初步绘制的轴的结构图（图 3-2）可知，有四处具有轴径变化位置。轴径由 20mm 增加到 25mm 处最容易产生最大应力，即为可能存在的危险截面。因此，选取此处进行强度校核。

2. 校核计算

1）疲劳强度极限。由轴材料选用 45 钢调质可得，$\sigma_b = 650\text{MPa}$，$\sigma_s = 360\text{MPa}$，由下列公式可求得疲劳极限。

对称循环疲劳极限，有

$$\sigma_{-1b} = 0.44\sigma_b = 0.44 \times 650\text{MPa} = 286\text{MPa}$$

$$\tau_{-1} = 0.30\sigma_b = 0.30 \times 650\text{MPa} = 195\text{MPa}$$

脉动循环疲劳极限，有

$$\sigma_{0b} = 1.7\sigma_{-1b} = 1.7 \times 286\text{MPa} = 486\text{MPa}$$

$$\tau_0 = 1.6\tau_{-1} = 1.6 \times 195\text{MPa} = 312\text{MPa}$$

等效系数为

$$\varphi_\sigma = \frac{2\sigma_{-1b} - \sigma_{0b}}{\sigma_{0b}} = \frac{2 \times 286 - 486}{486} = 0.18$$

$$\varphi_\tau = \frac{2\tau_{-1} - \tau_0}{\tau_0} = \frac{2 \times 195 - 312}{312} = 0.25$$

（截面 1 上的应力）

2）有效应力集中系数。在截面 1 附近，有轴的直径变化，过渡圆角半径 $r = 2\text{mm}$，由 $D/d = 1.25$，$r/D = 0.08$，和 $\sigma_b = 650\text{MPa}$，从表 3-4 中查出 $k_\sigma = 2.03$，$k_\tau = 1.46$。

表 3-4　有效应力集中系数表

$\frac{D}{d}$	$\frac{r}{D}$	k_σ						k_τ			
		σ_b/MPa						σ_b/MPa			
		≤500	600	700	800	900	≥1000	≤700	800	900	≥1000
$\frac{D}{d} \leqslant 1.1$	0.02	1.84	1.96	2.08	2.20	2.35	2.50	1.36	1.41	1.45	1.50
	0.04	1.60	1.66	1.69	1.75	1.81	1.87	1.24	1.27	1.29	1.32
	0.06	1.51	1.51	1.54	1.54	1.60	1.60	1.18	1.20	1.23	1.24
	0.08	1.40	1.40	1.42	1.42	1.46	1.46	1.14	1.16	1.18	1.19
	0.10	1.34	1.34	1.37	1.37	1.39	1.39	1.11	1.13	1.15	1.16
	0.15	1.25	1.25	1.27	1.27	1.30	1.30	1.07	1.08	1.09	1.11
$1.1 < \frac{D}{d} \leqslant 1.2$	0.02	2.18	2.34	2.51	2.68	2.89	3.10	1.59	1.67	1.74	1.81
	0.04	1.84	1.92	1.97	2.05	2..13	2.22	1.39	1.45	1.48	1.52
	0.06	1.71	1.71	1.76	1.76	1.84	1.84	1.30	1.33	1.37	1.39
	0.08	1.56	1.56	1.59	1.59	1.64	1.64	1.22	1.26	1.30	1.31
	0.10	1.48	1.48	1.51	1.51	1.54	1.54	1.19	1.21	1.24	1.26
	0.15	1.35	1.35	1.38	1.38	1.41	1,41	1.11	1.14	1.15	1.18
$1.2 < \frac{D}{d} \leqslant 2$	0.02	2.40	2.60	2.80	3.00	3.25	3.50	1.80	1.90	2.00	2.10
	0.04	2.00	2.10	2.15	2.25	2.35	2.45	1.53	1.60	1.65	1.70
	0.06	1.85	1.85	1.90	1.90	2.00	2.00	1.4	1.45	1.50	1.53
	0.08	1.66	1.66	1.70	1.70	1.76	1.76	1.30	1.35	1.40	1.42
	0.10	1.57	1.57	1.61	1.61	1.64	1.64	1.25	1.28	1.32	1.35
	0.15	1.41	1.41	1.45	1.45	1.49	1.49	1.15	1.18	1.20	1.24

3）表面状态系数由查表 3-5，可得 $\beta = 0.95$。

4）尺寸系数查表 3-6，可得 $\varepsilon_\sigma = 0.91$，$\varepsilon_\tau = 0.89$。

5）弯曲安全系数。设为无限寿命，$k_N = 1$，由 $S_\sigma = k_N \sigma_{-1b} \left/ \left(\dfrac{k_\sigma}{\beta \varepsilon_\sigma} \sigma_a + \varphi_\sigma \sigma_m \right) \right.$ 可得 $S_\sigma = 7.59$。

表 3-5 加工表面的状态系数 β

加工方法	σ_b/MPa		
	400	800	1200
磨光($Ra0.4 \sim 0.2\mu m$)	1	1	1
车光($Ra3.2 \sim 0.8\mu m$)	0.95	0.90	0.80
粗加工($Ra25 \sim 6.3\mu m$)	0.85	0.80	0.65
未加工表面(氧化铁层等)	0.75	0.65	0.45

表 3-6 尺寸系数 ε_σ、ε_τ

毛坯直径/mm	碳钢		合金钢	
	ε_σ	ε_τ	ε_σ	ε_τ
>20 ~ 30	0.91	0.89	0.83	0.89
>30 ~ 40	0.88	0.81	0.77	0.81
>40 ~ 50	0.84	0.78	0.73	0.78
>50 ~ 60	0.81	0.76	0.70	0.76
>60 ~ 70	0.78	0.74	0.68	0.74
>70 ~ 80	0.75	0.73	0.66	0.73
>80 ~ 100	0.73	0.72	0.64	0.72
>100 ~ 120	0.70	0.70	0.62	0.70
>120 ~ 140	0.68	0.68	0.60	0.68

6)扭转安全系数。由 $S_\tau = k_N \tau_{-1} / \left(\dfrac{k_\tau}{\beta \varepsilon_\tau} \tau_a + \varphi_\tau \tau_m \right)$ 可得 $S_\tau = 23.27$。

7)复合安全系数。由 $S = S_\sigma S_\tau / \sqrt{S_\sigma^2 + S_\tau^2} \geq [S]$,可得 $S = 7.24 \geq 1.5[S]$。

经过安全系数校核法计算可得,此处假设的危险截面足够安全。

由上述校核过程可见,轴的设计校核的一般思路如下:

1)从已知的工作条件着手,直接进行结构设计,在结构设计的过程中,进行必要的校核计算。

2)如果已知条件不足,或者轴的结构比较复杂,就需要先做初步计算,用设计计算初步确定轴的直径,以供结构设计参考。在结构设计的过程中再根据需要进行必要的校核计算,以探索是否存在缩小尺寸、节约材料等工艺上的多种可能。

3.2 齿轮零件的设计和校核

设计齿轮传动需要确定的内容有齿轮材料和热处理方式,齿轮的齿数、模数、变位系数、齿宽、分度圆螺旋角、分度圆直径、齿顶圆直径、齿根圆直径、结构尺寸等。如果选择圆柱齿轮传动,还需要确定中心距;如果选择锥齿轮传动,还需要确定锥距、节锥角、顶锥角和根锥角等参数。

齿轮材料及热处理方式的选择,应考虑齿轮的工作条件、传动尺寸的要求、制造设备条件等。若传递功率大，且要求尺寸紧凑，可选用合金钢或合金铸钢，并采用表面淬火或渗碳淬火等热处理方式；若要求一般，则可选用碳钢、铸钢或铸铁，采用正火或调质等热处理方式。在 $k_N=1$ 时当齿轮顶圆直径 $d_a<400\sim500\text{mm}$ 时，可采用锻造或铸造毛坯；当 $d_a>400\sim500\text{mm}$ 时，因受锻造设备能力的限制，应采用铸铁或铸钢制造。当齿轮直径与轴径相差不大时，对于圆柱齿轮，若齿轮的齿根至键槽的距离 $x<2.5m_n$，对于锥齿轮，若 $x<1.6m_t$，则齿轮和轴做成一体，称为齿轮轴。同一减速器中的各级小齿轮（或大齿轮）的材料尽可能相同，以减少材料种类和简化工艺要求。齿轮传动的几何计算公式见表 3-7。

表 3-7　齿轮传动的几何计算公式表

名称及代号	计算公式及说明	
	直齿轮	**斜齿及人字齿轮**
模数 m	由计算强度或结构设计确定，并根据标准模数规定取值	法向模数 m_n 根据标准模数规定取值 端面模数 $m_t=m_n/\cos\beta$
分度圆螺旋角 β	$\beta=0$	两齿轮螺旋角相等，方向相反
分度圆齿形角 α	$\alpha=20°$	$\alpha_n=20°$ $\tan\alpha_t=\tan\alpha_n/\cos\beta$
分度圆直径 d	$d=mz$	$d=m_t z$
未变位时（标准齿轮传动）的中心距	$a=(d_2+d_1)/2=(z_2+z_1)m/2$	
啮合角 α'	情况 I：已知总变位系数 (x_2+x_1) $$\text{inv}\alpha'=\frac{2(x_2+x_1)}{z_2+z_1}\tan\alpha+\text{inv}\alpha\,,\ \text{inv}\alpha'_t=\frac{2(x_{n2}+x_{n1})}{z_2+z_1}\tan\alpha_n+\text{inv}\alpha_t$$ 求出啮合角 α' 后，再由下式求中心距 a'	
	情况 II：已知中心距 a' $$\cos\alpha'=\frac{a}{a'}\cos\alpha\,,\ \cos\alpha'_t=\frac{a}{a'}\cos\alpha_t$$ 求出啮合角 α' 后，由上式求 x_2+x_1 值，再进行分配	
中心距变动系数	$$y=\frac{a'-a}{m}=\frac{z_2+z_1}{2}\left(\frac{\cos\alpha}{\cos\alpha'}-1\right)$$	$$y_n=\frac{a'-a}{m_n}=\frac{z_2+z_1}{2\cos\beta}\left(\frac{\cos\alpha_t}{\cos\alpha'_t}-1\right)$$ $y_t=y_n\cos\beta$
中心距	$$a'=a+ym=\frac{\cos\alpha}{\cos\alpha'}$$	$$a'=a+y_t m_t=a+y_n m_n=a\frac{\cos\alpha_t}{\cos\alpha'_t}$$
根圆直径 d_f	$d_f=d-2(h_a+c-xm)$	$d_f=d-2(h_{an}+c_n-x_n m_n)$
顶圆直径 d_a	$d_{a1}=2a'-d_{f2}-2c$ $d_{a2}=2a'-d_{f1}-2c$	$d_{a1}=2a'-d_{f2}-2c_n$ $d_{a2}=2a'-d_{f1}-2c_n$
齿顶高 h_a	$h_a=(d_a-d)/2$	
齿根高 h_f	$h_f=(d-d_f)/2$	
齿高 h	$h=h_a+h_f$	
基圆直径 d_b	$d_b=d\cos\alpha$	$d_b=d\cos\alpha_t$
分度圆直径 d'	$d'=d_b/\cos\alpha'$	$d'=d_b/\cos\alpha'_t$

（续）

名称及代号	计算公式及说明	
	直齿轮	斜齿及人字齿轮
分度圆齿距 p	$p=\pi m$	$p_n=\pi m_n,p_t=\pi m_t$
基圆齿距 p_b	$p_b=p\cos\alpha$	$p_{bt}=p_t\cos\alpha_t$
齿顶压力角 α_a	$\alpha_a=\arccos\dfrac{d_b}{d_a}$	$\alpha_{at}=\arccos\dfrac{d_b}{d_a}$
基圆螺旋角 β_b	$\beta_b=0$	$\tan\beta_b=\tan\beta\cos\alpha_t$ $\cos\beta_b=\cos\beta\cos\alpha_n/\cos\alpha_t$
端面重合度 ε_α	$\varepsilon_\alpha=\dfrac{1}{2\pi}\left[z_1(\tan\alpha_{a1}-\tan\alpha_t')+z_2(\tan\alpha_{a2}-\tan\alpha_t')\right]$	
纵向重合度 ε_β	$\varepsilon_\beta=0$	$\varepsilon_\beta=\dfrac{b\sin\beta}{\pi m_n}$　b——齿轮宽度
总重合度 ε_γ	$\varepsilon_\gamma=\varepsilon_\alpha$	$\varepsilon_\gamma=\varepsilon_\alpha+\varepsilon_\beta$

　　工程实际中，对于齿轮传动的参数和尺寸，有严格的要求。对于大批量生产的减速器，其齿轮中心距应参考标准减速器的中心距；对于中、小批量生产或专用减速器，为了制造、安装方便，其中心距应圆整，最好使用个位数为 0 或 5 的中心距。模数应取标准值，齿宽应圆整；而分度圆直径、齿顶圆直径、齿根圆直径等不允许圆整，应精确计算到小数点后三位数；分度圆螺旋角、节锥角，顶锥角，根锥角应精确计算到 "″"（秒）"；直齿锥齿轮的锥距 R 不必圆整，应精确计算到小数点后三位。

　　齿轮传动的计算准则和方法，应根据齿轮工作条件和齿面硬度来确定。对于软齿面齿轮传动，应按齿面接触疲劳强度计算齿轮直径或中心距，验算齿根弯曲疲劳强度；对于硬齿面齿轮传动，应按齿根弯曲疲劳强度计算模数，验算齿面接触疲劳强度。

　　本教程中以直齿圆柱齿轮和直齿锥齿轮为例，介绍齿轮零件的设计和校核。

3.2.1　直齿圆柱齿轮传动的强度计算

1. 齿面接触疲劳强度计算

在预定的使用期限内，齿面不产生疲劳点蚀的强度条件为

$$\sigma_H=\sqrt{\dfrac{F_n}{\pi b}\dfrac{\dfrac{1}{\rho}}{\dfrac{1-\mu_1^2}{E_1}+\dfrac{1-\mu_2^2}{E_2}}}\leqslant[\sigma_H] \tag{3-12}$$

式（3-12）适用于两圆柱齿轮相接触的情况，而点蚀也往往先在界线附近的齿根表面出现。因此，接触疲劳强度计算通常以节点为计算点。式中，$1/\rho$、F_n 和 b 的计算式为

$$\dfrac{1}{\rho}=\dfrac{2}{d_1\cos\alpha\tan\alpha'}\dfrac{u\pm1}{u} \tag{3-13}$$

$$F_{n} = \frac{F_{t}}{\cos\alpha} = \frac{2T_{1}}{d_{1}\cos\alpha} \tag{3-14}$$

$$b = LZ_{\varepsilon}^{2} \tag{3-15}$$

计入载荷系数 K 之后，得到最大接触应力 σ_{H} 和小齿轮分度圆直径 d_{1} 分别为

$$\sigma_{H} = Z_{E}Z_{H}Z_{\varepsilon}\sqrt{\frac{2KT_{1}}{bd_{1}^{2}}\frac{u\pm1}{u}} \leqslant [\sigma_{H}] \tag{3-16}$$

$$d_{1} \geqslant \sqrt[3]{\frac{2KT_{1}}{\varphi_{d}} \cdot \frac{u\pm1}{u} \cdot \left(\frac{Z_{E}Z_{H}Z_{\varepsilon}}{[\sigma_{H}]}\right)^{2}} \tag{3-17}$$

式（3-16）、式（3-17）对于标准齿轮和变位齿轮均适用。式中 "+" 号用于外啮合，"–" 号用于内啮合。许用接触应力 $[\sigma_{H}]$ 取两齿轮中较小的值代入计算。由式（3-16）、式（3-17）可看出：齿轮传动的接触疲劳强度取决于齿轮的直径（或中心距）。模数大小需由弯曲疲劳强度确定。相关计算过程可参考 "机械设计" 课程中相关章节的内容。

许用接触应力应按下式计算

$$[\sigma_{H}] = \frac{\sigma_{Hlim}Z_{N}}{S_{Hmin}} \tag{3-18}$$

式中，σ_{Hlim} 为在失效概率为 1% 时，实验齿轮的接触疲劳极限；S_{Hmin} 为接触疲劳强度的最小安全系数；Z_{N} 为接触疲劳强度计算的寿命系数。

2. 齿根弯曲疲劳强度计算

由于轮缘刚度很大，故轮齿可看作宽度为 b 的悬臂梁。因此，齿根处为危险截面，可用 30° 切线法确定。

作与轮齿对称中线成 30° 并与齿根过渡曲线相切的切线，通过两切线并平行于齿轮轴线的截面，即齿根危险截面。其中，沿啮合线方向作用于齿顶的法向力 F_{n} 可分解为相互垂直的 $F_{n}\cos\alpha_{F}$ 和 $F_{n}\sin\alpha_{F}$ 两个分力，前者产生齿根弯曲应力 σ_{b} 和切应力 τ，后者使齿根产生压应力 σ_{c}。弯曲应力起主要作用，其余应力则影响很小。

齿根的最大弯曲力矩

$$M = F_{n}\cos\alpha_{F}l = \frac{2T_{1}}{d_{1}}\frac{l\cos\alpha_{F}}{\cos\alpha} \tag{3-19}$$

计入载荷系数 K，应力修正系数 Y_{Sa}，重合度系数 Y_{ε} 后，得齿根弯曲强度校核公式为

$$\sigma_{F} \approx \sigma_{b} = \frac{M}{W}KY_{Sa}Y_{\varepsilon} = \frac{KF_{t}}{bm}Y_{Sa}Y_{Fa}Y_{\varepsilon} \leqslant [\sigma_{F}] \tag{3-20}$$

式中，齿形系数 Y_{Fa} 为

$$Y_{Fa} = \frac{6\left(\dfrac{l}{m}\right)\cos\alpha_{F}}{\left(\dfrac{s}{m}\right)^{2}\cos\alpha} \tag{3-21}$$

重合度系数 Y_{ε} 为

$$Y_{\varepsilon} = 0.25 + \frac{0.75}{\varepsilon_{\alpha}} \tag{3-22}$$

3. 静强度校核

静强度校核计算分少循环次数和瞬时过载两种情况。当齿轮工作室可能出现短时间、少次数的超过额定工况的大载荷时，则应进行静强度校核计算。

（1）少循环次数静强度校核

1）齿面接触静强度校核

$$\sigma_{Hst} = Z_H Z_E Z_\varepsilon \sqrt{\frac{2K_V K_{H\alpha} K_{H\beta} T_{1max}}{bd_1^2} \frac{u \pm 1}{u}} \leqslant [\sigma_{Hst}] \tag{3-23}$$

$$[\sigma_{Hst}] = \frac{\sigma_{Hlim} Z_N}{S_{Hlim}} \tag{3-24}$$

式中，σ_{Hst} 为静强度最大接触应力；$[\sigma_{Hst}]$ 为静强度许用接触应力。

2）齿根弯曲静强度校核

$$\sigma_{Fst} = \frac{2K_V K_{F\alpha} K_{F\beta} T_{1max}}{bd_1 m} Y_{Sa} Y_{Fa} Y_\varepsilon \leqslant [\sigma_{Fst}] \tag{3-25}$$

$$[\sigma_{Fst}] = \frac{\sigma_{Flim} Y_N}{S_{Flim}} \tag{3-26}$$

式中，σ_{Fst} 为静强度最大弯曲应力；$[\sigma_{Fst}]$ 为静强度许用弯曲应力。

（2）瞬时过载强度校核

$$\sigma_{Fmax} = \frac{F_{max} K_{Hs}}{bm} Y_{Fa} Y_{Sa} Y_\varepsilon \leqslant [\sigma_s] \tag{3-27}$$

$$[\sigma_S] = K_y \sigma_s \tag{3-28}$$

式中，σ_{Fmax} 为瞬时过载齿根最大拉应力；F_{max} 为瞬时最大圆周力；K_y 为屈服强度系数；K_{Hs} 为齿面载荷集中系数。

3.2.2　直齿锥齿轮传动的强度计算

1. 齿面接触疲劳强度计算

在计算齿面接触疲劳强度时，应考虑齿面接触区长短对齿面应力的影响，因此取有效齿宽为 $0.85b$，得

$$d_{v1} = \frac{d_{m1}}{\cos\delta_1} = (1 - 0.5\varphi_R) d \sqrt{\frac{u^2 + 1}{u}} \tag{3-29}$$

$$T_{v1} = F_{t1} \cdot \frac{d_{v1}}{2} = F_{t1} \cdot \frac{d_{m1}}{2\cos\delta_1} = T_1 \sqrt{\frac{u^2 + 1}{u^2}} \tag{3-30}$$

$$u_v = \frac{z_{v2}}{z_{v1}} = u \cdot \tan\delta_2 = u^2 \tag{3-31}$$

$$b = \varphi_R R = \varphi_R \frac{d_1}{2\sin\delta_1} = \frac{\varphi_R d_1 \sqrt{u^2 + 1}}{2} \tag{3-32}$$

直齿锥齿轮传动的齿面接触疲劳强度校核公式和设计公式分别为

$$\sigma_H = Z_E Z_H Z_\varepsilon \sqrt{\frac{4.7KT_1}{\varphi_R(1-0.5\varphi_R)^2 d_1^3 u}} \leqslant [\sigma_H] \tag{3-33}$$

$$d_1 \geqslant \sqrt[3]{\frac{4.7KT_1}{\varphi_R(1-0.5\varphi_R)^2 u} \cdot \left(\frac{Z_E Z_H Z_\varepsilon}{[\sigma_H]}\right)^2} \tag{3-34}$$

式中，载荷系数 $K = K_A K_V K_\alpha K_\beta$。其中，$K_A$ 由查表 3-8 得到；K_V 由如图 3-3 所示动载系数图得到；K_α 由表 3-9 查得到；K_β 由表 3-10 查得到。

表 3-8 使用系数 K_A

动力机工作特性	工作机工作特性			
	均匀平稳	轻微冲击	中等冲击	严重冲击
均匀平稳	1.00	1.25	1.50	1.75
轻微冲击	1.10	1.35	1.60	1.85
中等冲击	1.25	1.50	1.75	2.0
严重冲击	1.50	1.75	2.0	≥2.25

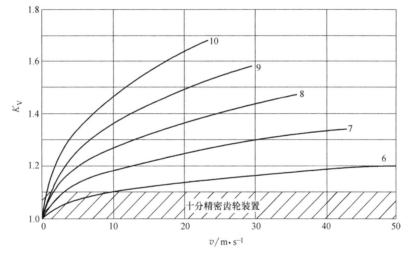

图 3-3 动载系数

表 3-9 齿间载荷分布系数 $K_{H\alpha}$ 和 $K_{F\alpha}$

$K_A F_t / b$ 精度等级（Ⅱ级）		≥100/N·mm⁻¹						
		5	6	7	8	9	10	11~12
经表面硬化的直齿轮	$K_{H\alpha}$	1.0	1.0	1.1	1.2			$1/Z_\tau^2 \geqslant 1.2$
	$K_{F\alpha}$	1.0	1.0	1.1	1.2			$1/Y_\tau \geqslant 1.2$
经表面硬化的斜齿轮	$K_{H\alpha}$	1.0	1.1	1.2	1.4			$\varepsilon_\alpha / \cos^2 \beta_b \geqslant 1.4$
	$K_{F\alpha}$							
未经表面硬化的直齿轮	$K_{H\alpha}$	1.0	1.0	1.0	1.1	1.2		$1/Z_\tau^2 \geqslant 1.2$
	$K_{F\alpha}$	1.0	1.0	1.0	1.1	1.2		$1/Y_\tau \geqslant 1.2$

（续）

$K_A F_t / b$		≥100/N · mm^{-1}						
精度等级(Ⅱ级)		5	6	7	8	9	10	11~12
未经表面硬化的斜齿轮	$K_{H\alpha}$	1.0	1.0	1.1	1.2	1.4	$\varepsilon_\alpha / \cos^2\beta_b \geq 1.4$	
	$K_{F\alpha}$							

注：1. 对于硬齿面和软齿面相啮合的齿轮副，K_α 取其平均值，若大、小齿轮精度等级不同，则按精度等级较低的取值。

2. 对修形齿轮，取 $K_{H\alpha} = K_{F\alpha} = 1$。

3. 若 $K_{F\alpha} > \varepsilon_\gamma / (\varepsilon_\alpha Y_\varepsilon)$，则取 $K_{F\alpha} = \varepsilon_\gamma / (\varepsilon_\alpha Y_\varepsilon)$。

表 3-10　齿向载荷分布系数 K_β

应用	支承情况		
	两轮均为两端支承	一轮两端支承另一轮悬臂	两轮均为悬臂支承
飞机、车辆	1.50	1.65	1.88
工作机器、船舶	1.65	1.88	2.25

2. 齿根弯曲疲劳强度计算

在计算齿根接触疲劳强度时，需要将当量齿轮的相关参数代入 $\sigma_F = \dfrac{KF_t}{bm} Y_{Fa} Y_{Sa} Y_\varepsilon \leq [\sigma_F]$ 中，因此取有效齿宽为 $0.85b$，得齿根弯曲疲劳强度校核公式和设计公式分别为

$$\sigma_F = \frac{2KT_{v1}}{0.85bd_{v1}m_m} Y_{Fa} Y_{Sa} Y_\varepsilon = \frac{2K\dfrac{T_1}{\cos\delta_1}}{0.85b\dfrac{d_{m1}}{\cos\delta_1}m_m} \tag{3-35}$$

$$\sigma_F = \frac{4.7KT_1}{\varphi_R(1-0.5\varphi_R)^2 z_1^2 m^3 \sqrt{u^2+1}} Y_{Fa} Y_{Sa} Y_\varepsilon \leq [\sigma_F] \tag{3-36}$$

式中，齿形系数 Y_{Fa} 和应力修正系数 Y_{Sa} 按照当量齿数 z_v 分别从如图 3-4、图 3-5 及图 3-6 所示的图中选取。

3. 齿轮传动强度校核

以腕部直齿锥齿轮传动为例，讲解齿轮传动强度校核过程。

（1）受力分析　对直齿锥齿轮传动进行受力分析，忽略摩擦力，假设法向力 F_n 集中作用于齿宽节线中点处，则 F_n 可分为三个相互垂直的分力。因此，对其强度进行校核说明时，以齿根弯曲疲劳强度进行校核。

（2）参数选取　齿形系数 Y_{Fa} 与应力修正系数 Y_{Sa} 可从图 3-5、图 3-6 中选取，有 $Y_{Fa1} = 2.62$，$Y_{Fa2} = 2.11$，$Y_{Sa1} = 1.59$，$Y_{Sa2} = 1.89$。

重合度系数由式（3-22）计算，可得 $Y_\varepsilon = 0.66$。

齿间载荷分配系数 K_{Fa} 由表 3-9 选取，可得 $K_{Fa} = 1/Y_\varepsilon = 1.5$。

弯曲疲劳极限 σ_{Flim} 与弯曲最小安全系数 S_{Fmin} 由齿轮工况及材料性质进行选取，可得 $\sigma_{Flim1} = 500 \text{MPa}$，$\sigma_{Flim2} = 380 \text{MPa}$，$S_{Fmin} = 1.25$。

弯曲寿命系数 Y_N 与尺寸系数 Y_X，由齿轮材料进行选取可得 $Y_{N1} = Y_{N2} = 1.0$，$Y_X = 1.0$。

（3）许用弯曲应力 $[\sigma_F]$ 计算如下

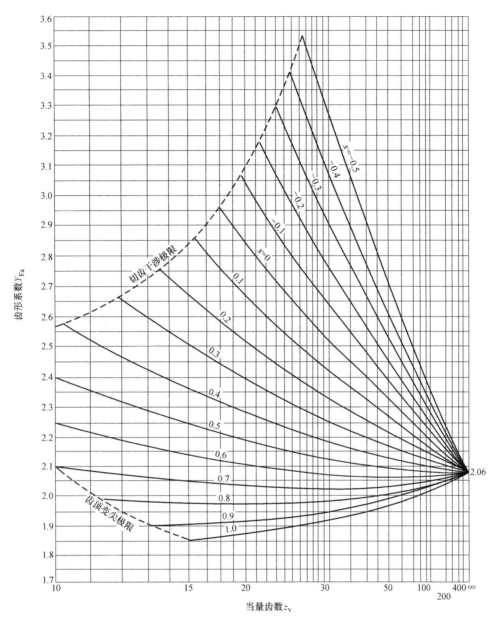

$\alpha_n = 20°$，$h_{an} = 1m_n$，$c_n = 0.25m_n$，$\rho_f = 0.38m_n$；对于内齿轮，可取 $Y_{Fa} = 2.053$

图 3-4 齿形系数 Y_{Fa}

$$[\sigma_{F1}] = \frac{\sigma_{Flim1} Y_{N1} Y_X}{S_{Fmin}} = 400\text{MPa}$$

$$[\sigma_{F2}] = \frac{\sigma_{Flim2} Y_{N2} Y_X}{S_{Fmin}} = 304\text{MPa}$$

由式（3-35），对弯曲应力进行验算得

$$\sigma_{F1} = 167.4\text{MPa}, \quad \sigma_{F2} = 148.2\text{MPa}$$

均小于许用弯曲应力，因此强度校核通过。

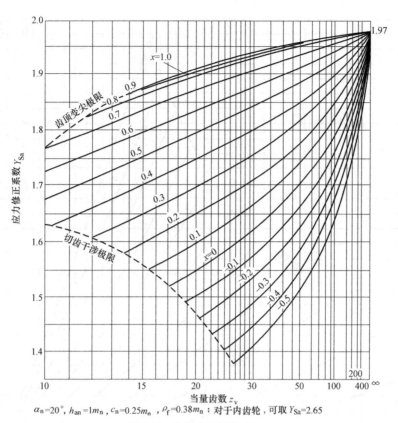

$\alpha_{\text{n}}=20°$，$h_{\text{an}}=1m_{\text{n}}$，$c_{\text{n}}=0.25m_{\text{n}}$，$\rho_{\text{f}}=0.38m_{\text{n}}$；对于内齿轮，可取 $Y_{\text{Sa}}=2.65$

图 3-5 应力修正系数 Y_{Sa}

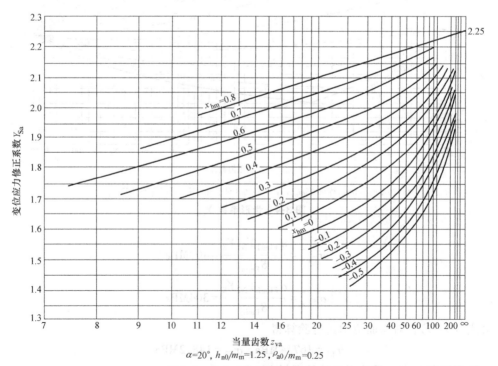

$\alpha=20°$，$h_{\text{n0}}/m_{\text{m}}=1.25$，$\rho_{\text{a0}}/m_{\text{m}}=0.25$

图 3-6 变位应力修正系数 Y_{Sa}

3.3　标准件的选择及校核

标准件是指有明确标准的机械零（部）件和元件。使用标准主要有中国国家标准（GB）、美国机械工程师协会标准（ANSI/ASME）等。其他如日本（JIS）、德国（DIN）等标准也在世界上被广泛使用。标准化程度高、行业通用性强的机械零部件和元件，也被称为通用件。广义标准件包括紧固件、连接件、传动件、密封件、液压元件、气动元件、轴承、弹簧等，都有相应的国家标准。

本教程的课程设计中所涉及的相关标准件——轴承、键和同步带等的选择和校核介绍如下。

3.3.1　轴承的选择及校核

1. 概述

轴承用于支承轴，或支承轴上的回转零件。按照承受载荷的方向，轴承可分为径向轴承和推力轴承两类。轴承上的反作用力与轴中心线方向一致的称为推力轴承；轴承上的反作用力与轴中心线垂直的称为径向轴承。根据轴承的摩擦性质，其又可以分为滑动轴承和滚动轴承两类。

滑动轴承的特点是工作平稳、可靠、噪声比滚动轴承低。如果能够保证液体摩擦润滑，滑动表面被润滑油分开而不发生直接接触，则可以大大降低摩擦损失和表面磨损。此外油膜还具有一定的吸振能力。但是普通滑动轴承的起动摩擦阻力比滚动轴承大得多。

典型的滚动轴承构造如图 3-7 所示，其由内圈、外圈、滚动体和保持架组成。内圈、外圈分别与轴径及轴承座孔装配在一起。多数情况是内圈随轴回转，外圈不动。但也有外圈回转内圈不转或内、外圈分别按不同转速回转等情况。滚动体是滚动轴承中的核心元件，它使相对运动表面间的滑动摩擦转变为滚动摩擦。根据不同轴承结构的要求，滚动体有球、圆柱滚子、圆锥滚子、球面滚子等。滚动体的大小和数量直接影响轴承的承载能力。在球轴承内、外圈上都有凹槽滚道，它起着降低接触应力和限制滚动体轴向移动的作用。保持架使滚动体等距离分布并起到减少滚动体间摩擦和磨损的作用。

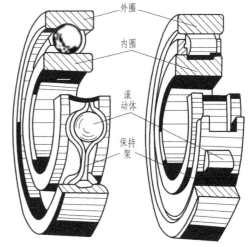

图 3-7　滚动轴承结构图

与滑动轴承比较，滚动轴承有以下优点：

1）在一般工作条件下，滚动轴承摩擦阻力矩与液体动力润滑轴承的摩擦阻力矩差不多，比混合润滑轴承要小很多倍。滚动轴承效率（0.98~0.99）比液体动力润滑轴承（≈0.995）略低，但比混合润滑轴承（≈0.95）要高一些。采用滚动轴承的机器起动力矩小，有利于在负载下起动。

2）滚动轴承径向游隙比较小，向心角接触轴承可用预紧方法消除游隙，运转精度高。

3）对于同尺寸的轴径，滚动轴承的宽度比滑动轴承小，可使机器的轴向结构紧凑。

4）大多数滚动轴承能同时承受径向和轴向载荷，故轴承组合结构较简单。

5）滚动轴承消耗润滑剂少，便于密封，易于维护。

6）滚动轴承不需要用有色金属。

7）滚动轴承标准化程度高，成批生产，成本较低。

然而，滚动轴承也存在以下缺点：

1）承受冲击载荷能力较差。

2）在高速重载荷下轴承寿命较低。

3）振动及噪声较大。

4）径向尺寸比滑动轴承大。

因本教程的课程设计中所涉及的轴承均为滚动轴承，因此对滚动轴承的选择及校核进行详细介绍。

2. 滚动轴承类型的选择原则

选择滚动轴承类型时，必须了解轴承的工作载荷（大小、性质、方向）、转速及其他使用要求，遵循以下原则进行选择：

1）转速较高、载荷较小、要求旋转精度高时宜选用球轴承；转速较低、载荷较大或有冲击载荷时则选用滚子轴承。

2）若轴承上同时受径向和轴向混合载荷，则一般选用角接触球轴承或圆锥滚子轴承；若径向载荷较大、轴向载荷小，则可选用深沟球轴承；而若轴向载荷较大、径向载荷小，则可采用推力角接触球轴承、四点接触球轴承或选用推力球轴承和深沟球轴承的组合结构。

3）各类轴承使用时内、外圈间的倾斜角应控制在允许的角偏斜值之内，否则会增大轴承的附加载荷而降低寿命。

4）为便于安装拆卸和调整间隙，常选用内、外圈可分离的分离型轴承（圆锥滚子轴承、四点接触球轴承），以及具有内锥孔的轴承或带紧定套的轴承。

5）选轴承时要注意经济性。球轴承比滚子轴承价格低。

3. 滚动轴承的校核

（1）轴承失效指标　滚动轴承在工作时间内面临的主要失效形式有以下几种：

1）点蚀。滚动轴承受载后各滚动体的受力大小不同，对于回转的轴承，滚动体与套圈间产生变化的接触应力，工作若干时间后，各元件接触表面上都可能发生接触疲劳磨损，出现点蚀现象。有时由于安装不当，轴承局部受载较大，将更可能促使点蚀早期发生。

2）塑性变形。在一定的静载荷或冲击载荷作用下，滚动体或套圈滚道上将出现不均匀的塑性变形凹坑。这时，轴承的摩擦力矩、振动、噪声都将增加，运转精度也降低。

3）磨粒磨损、黏着磨损。在多尘条件下工作的滚动轴承，虽然采用密封装置，滚动体与套圈仍有可能产生磨粒磨损。圆锥滚子轴承的滚子大端与套圈挡边，推力球轴承球与保持架、滚道之间，在工作时都有可能发生滑动摩擦。润滑不充分，还会发生黏着磨损，并引起表面发热、胶合，甚至使滚动体回火。速度越高，发热及黏着磨损将越严重。

4）其他还有锈蚀、电腐蚀和由于操作、维护不当引起的原件破裂等失效形式。

针对主要的失效形式进行校核时，需要计算与主要失效形式相对应的滚动轴承具有的三个基本性能参数，分别是满足一定疲劳寿命的基本额定动载荷 C_r（径向）和 C_a（轴向），满足一定静强度要求的基本额定静载荷 C_{0r}（径向）和 C_{0a}（轴向），以及控制轴承磨损的极限转速 N_0。各种轴承的性能指标值 C、C_0、N_0 等可查阅相关手册。

（2）轴承寿命　轴承的套圈或滚动体的材料首次出现疲劳点蚀前，一个套圈相对于另一个套圈的转数，称为轴承的寿命。寿命还可以用在恒定转速下的运转时间（单位为 h）来表示。

对于一组同一型号的轴承，由于材料、热处理和工艺等很多随机因素的影响，即使在相同条件下运转，寿命也不一样，有的甚至会相差几十倍。因此对一个具体轴承，很难预知其确切的寿命。但大量的轴承寿命试验表明，轴承的可靠性与寿命之间存在如图 3-10 所示的关系。可靠性常用可靠度 R 度量。一组同一型号的轴承能达到或超过规定寿命的百分率，称为轴承寿命的可靠度。如图 3-8 所示，当寿命 L 为 10^6 r 时，可靠度 R 为 90%。

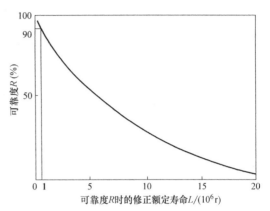

图 3-8　可靠度与修正额定寿命

一组同一型号的轴承在相同条件下运转，其可靠度为 90% 时，能达到或超过的寿命称为额定寿命，单位为 10^6 r（百万转）。换言之，即 90% 的轴承在发生疲劳点蚀时能达到或超过的寿命，称为额定寿命。对单个轴承来讲，能够达到或超过此寿命的概率为 90%。

（3）额定动载荷　基本额定动载荷的计算方法适用于常用的优质淬硬钢、按良好加工方法制造、接触表面为常规设计的滚动轴承。计算方法仅供判断额定动载荷的大致情况，不同工况下的具体额定动载荷可查阅相关资料。滚动轴承径向、轴向基本额定动载荷的计算公式见表 3-11。

表 3-11　滚动轴承径向、轴向基本额定动载荷的计算公式

轴承类型	参数特征	计算公式
深沟球轴承和 角接触球轴承	$D_w \leqslant 25.4\text{mm}$ $D_w > 25.4\text{mm}$	$C_r = b_m f_c (t\cos\alpha)^{0.7} Z^{2/3} D_w^{1.8}$ $C_r = 3.647 b_m f_c (i\cos\alpha)^{0.7} Z^{2/3} D_w^{1.4}$
圆柱滚子轴承和 圆锥滚子轴承		$C_r = b_m f_c (iL_{wc}\cos\alpha)^{7/9} Z^{3/4} D_{wc}^{29/27}$
推力球轴承	$D_w \leqslant 25.4\text{mm}$　$\alpha = 90°$ $\alpha \neq 90°$ $D_w > 25.4\text{mm}$　$\alpha = 90°$ $\alpha \neq 90°$	$C_a = b_m f_c Z^{2/3} D_w^{1.8}$ $C_a = b_m f_c (\cos\alpha)^{0.7} \tan\alpha Z^{2/3} D_w^{1.8}$ $C_a = 3.647 b_m f_c Z^{2/3} D_w^{1.4}$ $C_a = 3.647 b_m f_c (\cos\alpha)^{0.7} \tan\alpha Z^{2/3} D_w^{1.4}$
推力圆柱 滚子轴承	$\alpha = 90°$ $\alpha \neq 90°$	$C_a = b_m f_c L_{wc}^{7/9} Z^{3/4} D_{wc}^{29/27}$ $C_a = b_m f_c (L_{wc}\cos\alpha)^{7/9} \tan\alpha Z^{3/4} D_{wc}^{29/27}$

（4）当量动载荷　滚动轴承若同时承受径向和轴向混合载荷时，为了在相同条件下比较，计算轴承寿命时需将实际工作载荷转化为当量动载荷。在当量动载荷作用下，轴承寿命与实际混合载荷下的轴承寿命相同。当量动载荷 P 的计算公式为

$$P = XF_r + YF_a \tag{3-37}$$

式中，F_r 为径向载荷（N）；F_a 为轴向载荷（N）；X、Y 分别为径向动载荷系数和轴向动载荷系数，可查表 3-12 得到。

表 3-12　当量动载荷系数

轴承类型	F_a/C_{0r}	e	单列轴承				双列轴承			
			$F_a/F_r \leqslant e$		$F_a/F_r > e$		$F_a/F_r \leqslant e$		$F_a/F_r > e$	
			X	Y	X	Y	X	Y	X	Y
深沟球轴承	0.014	0.19				2.30				2.3
	0.028	0.22				1.99				1.99
	0.056	0.26				1.71				1.71
	0.084	0.28				1.55				1.55
	0.11	0.30	1	0	0.56	1.45	1	0	0.56	1.45
	0.17	0.34				1.31				1.31
	0.28	0.38				1.15				1.15
	0.42	0.42				1.04				1.04
	0.56	0.44				1.00				1

鉴于机械工作时常存在振动和冲击，轴承的当量动载荷应按下式计算

$$P = f_d(XF_r + YF_a) \tag{3-38}$$

式中，冲击载荷系数 f_d 可由表 3-13 选取。

表 3-13　冲击载荷系数

载荷性质	机器举例	f_d
平稳运转或轻微冲击	电动机、水泵、通风机、汽轮机	1.0~1.2
中等冲击	车辆、机床、起重机、冶金设备	1.2~1.8
强大冲击	破碎机、轧钢机、振动筛、工程机械、石油钻机	1.8~3.0

（5）基本额定寿命　滚动轴承的寿命随载荷增大而降低，寿命与当量动载荷的关系曲线如图 3-9 所示。

其曲线方程为

$$P^\varepsilon L_{10} = 常数$$

式中，ε 为寿命指数，对于球轴承 $\varepsilon = 3$，对于滚子轴承 $\varepsilon = 10/3$。

滚动轴承的基本额定动载荷 C 是以 $L_{10} = 1$，可靠度为 90% 为依据进行计算的。由此可列出当轴承的当量动载荷为 P 时，以百万转为单位的基本额定寿命 L_{10} 为

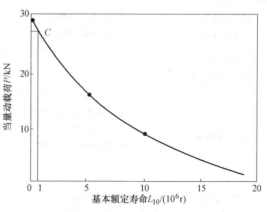

图 3-9　基本额定寿命曲线

$$L_{10} = \left(\frac{C}{P}\right)^{\varepsilon}（单位为10^6 r）\tag{3-39}$$

若轴承工作转速为 n（r/min），可求出以小时为单位的基本额定寿命

$$L_{10h} = \left(\frac{C}{P}\right)^{\varepsilon}\frac{16670}{n}（单位为 h）\tag{3-40}$$

校核过程中，应取 $L_{10h} \geq L_h'$（L_h' 为轴承预期寿命）。预期寿命推荐用值见表 3-14。

表 3-14　预期寿命推荐用值表

使　用　条　件	预期使用寿命/h
不经常使用的仪器和设备	300～3000
短期或间断使用的机械，中断使用不致引起严重后果，如手动机械、农业机械、装配吊车、自动送料装置	2000～8000
短期或间断使用的机械，中断使用将引起严重后果，如发电站辅助设备、流水作业的传动装置、带式运输机、车间吊车	8000～12000
每天 8h 工作的机械，但经常不是满载荷使用，如电动机、一般齿轮装置、压碎机、起重机和一般机械	10000～25000
每天 8h 工作的机械，满载荷使用，如机床、木材加工机械、工程机械、印刷机械、分离机、离心机	2000～30000
24h 连续工作的机械，如压缩机、泵、电动机、轧机齿轮装置、纺织机械	40000～50000
24h 连续工作的机械，中断使用将引起严重后果，如纤维机械、造纸机械、电站主要设备、给排水设备、矿用泵、矿用通风机	≈100000

由式（3-40）同时也可计算得到额定动载荷，在选择轴承的过程中要保证所选轴承型号的 C 值必须大于或等于计算公式中的 C 值。

3.3.2　键的选择及校核

1. 概述

键和花键主要用于轴和带毂零件（如齿轮、蜗杆等），是实现周向固定以传动转矩的连接方式。有些还能实现轴向固定以传递轴向力，有些则能够实现轴向动连接。

键分为平键、半圆键、楔键、切向键和花键等。

（1）平键　平键的两侧是工作面，上表面与轮毂槽底之间留有间隙。其定心性能好，装拆方便。平键可分为普通平键、导向平键和滑键三种。

（2）半圆键　半圆键也是以两侧为工作面，有良好的定心性能。半圆键可在轴槽中摆动以适应毂槽底面，但键槽对轴的削弱较大，只适用于轻载连接。

（3）楔键　楔键的上、下面是工作面，键的上表面有 1：100 的斜度，轮毂键槽的底面也有 1：100 的斜度。把楔键打入轴和轮毂槽内时，其表面产生很大的预紧力，工作时主要靠摩擦力传递转矩，并能承受单方向的轴向力。其缺点是会迫使轴和轮毂产生偏心，仅适用于对定心精度要求不高、载荷平稳和低速的连接。楔键又分为普通楔键和钩头楔键两种。

（4）切向键　切向键由一对楔键组成，能传递很大的转矩，常用于重型机械设备中。

（5）花键　花键是在轴和轮毂孔周向均布多个键齿构成的，称为花键连接。花键连接为多齿工作，工作面为齿侧面，其承载能力高，对中性和导向性好，对轴和毂的强度削弱

小，适用于定心精度要求高、载荷大和经常滑移的静连接和动连接，如变速器中滑动齿轮与轴的连接。按齿形不同，花键连接可分为：矩形花键、三角形花键和渐开线花键等。

键的主要失效形式有压溃、磨损及剪断，因此，对键进行相应的强度校核验算应充分考虑这些失效形式。

2. 键连接校核计算

设计键连接时，通常被连接件的材料、载荷、构造、尺寸等都已确定。根据使用要求和工作特点选择特定的键的类型即可。选取后再根据轴径从标准中选出键的截面尺寸，并参考毂长选择键的长度，然后用适当的校核公式进行强度校核计算。相应许用挤压应力、压强见表 3-15。

表 3-15　许用挤压应力、许用压强表　　　　　（单位：MPa）

连接的工作方式	连接中较弱零件的材料	$[\sigma_{\mathrm{p}}]$ 或 $[P]$		
		静载荷	轻微冲击载荷	冲击载荷
静连接，用 $[\sigma_{\mathrm{p}}]$ 动连接，用 $[P]$	锻钢、铸钢	125～150	100～120	60～90
	铸铁	70～80	50～60	30～45
	锻钢、铸钢	50	40	30

对于平键连接，其失效形式可能为压溃、磨损和键的剪断等，其中压溃和磨损为主要失效形式。

假设压力在键的接触长度内分布均匀，则根据挤压强度或耐磨性的条件计算，求得连接所能传递的转矩为

静连接
$$T = \frac{1}{4} h l' d [\sigma_{\mathrm{p}}] \tag{3-41}$$

动连接
$$T \approx \frac{1}{4} h l' d [P] \tag{3-42}$$

式中，h 为键的高度；l' 为键的接触长度；$[P]$ 为许用压强；$[\sigma_{\mathrm{p}}]$ 为许用挤压应力。许用挤压应力和许用压强见表 3-15。

对于半圆键连接，应满足的剪切强度条件为

$$T = \frac{1}{2} d b l [\tau] \tag{3-43}$$

半圆键的许用切应力，静载荷时取 120MPa，冲击载荷时取 60MPa。

3.3.3　同步带的选择及校核

在设计带传动时必须确定的内容有带的型号、长度、根数，带轮的直径、宽度和轴孔直径，中心距，初拉力，以及作用在轴上之力的大小和方向等。

在确定带轮轴孔直径时，应根据带轮的安装情况来考虑。若带轮直接装在电动机轴或减速器轴上时，则应取带轮轴孔直径等于电动机轴或减速器轴的直径；若当带轮装在其他轴（如滚筒轴等）上时，则应根据所安装轴的直径来确定。带轮轮毂长度与带轮轮缘宽度不一定相等，一般轮毂长度按轴孔直径 d 来确定，而轮缘宽度则由带的型号和根数来确定。

　　设计时应检查带轮尺寸与传动装置外轮廓尺寸的相互关系。例如，电动机轴上的小带轮半径是否小于电动机的中心高；小带轮轴孔直径、长度是否与电动机外伸轴径、长度相对应；大带轮外圆是否与其他零件（如机座等）干涉等。

　　带轮直径确定后，应根据该直径和滑动率计算带传动的实际传动比和从动轮的转速，并以此来修正减速器所要求的传动比和输入转矩等参数。

　　同步带传动设计过程见表 3-16，其中所需参数从表 3-17～表 3-20 中选取。

表 3-16　同步带设计计算

计算项目	设计公式
计算功率	$P_c = K_A P$（载荷修正系数 K_A 见表 3-17）
选择带型和节距	带型及节距选择见表 3-18
齿数	$z_1 \geqslant z_{min}$，z_{min} 见表 3-19
带轮节圆直径	$z_2 = iz_1$ $D_1 = \dfrac{z_1 p}{\pi}$（单位为 mm），$D_2 = \dfrac{z_2 p}{\pi}$（单位为 mm）
带速	$v = \dfrac{\pi D_1 n_1}{60 \times 1000} \leqslant v_{max}$（单位为 m/s） XL、L：$v_{max} = 50 \text{m/s}$ H：$v_{max} = 40 \text{m/s}$ XH、XXH：$v_{max} = 30 \text{m/s}$
初定中心距	$0.7(D_1 + D_2) \leqslant a \leqslant 2(D_1 + D_2)$ 或由结构决定
带长及齿数	$L \approx \pi D_m + 2a + \dfrac{\Delta^2}{a}$，按表 3-19 选取 L_p 标准节线长度及其齿数 z
实际中心距	由式 $a = \dfrac{L - \pi D_m}{4} + \dfrac{1}{4}\sqrt{(L - \pi D_m)^2 - 8\Delta^2}$ 计算
小带轮啮合齿数	$z_m \dfrac{z_1}{2} - \dfrac{p z_1}{20a}(z_2 - z_1)$（圆整成整数）
基本额定功率	$p_0 = \dfrac{(F_a - qv^2)v}{1000}$（单位为 kW） p_0—同步带基准宽度 b_0 F_a—基准宽度 b_0 同步带的许用工作拉力 q—基准宽度为 b_0 的同步带线密度（kg/m），见表 3-18
带宽	$b = b_0 \sqrt[1.14]{\dfrac{p_0}{k_z p_0}} \text{mm}$（按表 3-18 取标准值，一般 $b < D_1$） k_z—啮合齿数系数，根据小带轮啮合齿数 z_m 选取：$z_m \geqslant 6$ 时取 1； $z_m = 5$ 时取 0.8；$z_m = 4$ 时取 0.6
轴上载荷	$F_Q = \dfrac{1000 P_C}{v}$（单位为 N）

　　根据设计，最终确定同步带型号为 RBT3GT-100-150，带长为 255mm，带宽为 15mm，齿数为 100。

表 3-17　负载系数 K_A 选取表

载荷变化情况	瞬时峰值载荷/ 额定工作载荷	每天工作小时数/h		
		≤10	10~16	>16
平稳	100%	1.20	1.40	1.50
小	≈150%	1.40	1.60	1.70
较大	≥150%~250%	1.60	1.70	1.85
很大	≥250%~400%	1.70	1.85	2.00

表 3-18　带型和节距选取表

项　　目		型　号						
		MXL	XXL	XL	L	H	XH	XXH
截距 p/mm		2.038	3.175	5.080	9.525	12.700	22.225	31.750
基准宽度 b_0/mm		6.4	6.4	9.5	25.4	76.2	101.6	127.0
许用工作拉力 F_a/N		27	31	50	245	2100	4050	6400
线密度 q/(kg/m)		0.007	0.01	0.022	0.096	0.448	1.484	2.473
小带轮最 小齿数 /z_{min}	$n_1 \leqslant 900$r/min	10	10	10	12	14	18	18
	$n_1 > 900 \sim 1200$r/min	12	12	10	12	16	24	24
	$n_1 > 1800 \sim 3600$r/min	14	14	12	14	18	26	26
	$n_1 > 1200 \sim 1800$r/min	16	16	12	16	20	30	—
	$n_1 \geqslant 3600$r/min	18	18	15	18	22	—	—

表 3-19　节线长度与齿数选取表

带长代号	节线长度 L_p/mm	节线长度上的齿数 z						
		MXL	XXL	XL	L	H	XH	XXH
60	152.4	75	48	30				
70	177.8	—	56	35				
80	203.20	100	64	40				
100	254.00	125	80	50				
120	304.80	—	96	60				
130	330.20	—	104	75				
140	355.60	175	112	70				
150	381.00	—	120	75	40			
160	406.40	200	128	80	—			
170	431.80	—	—	85				
180	457.20	225	144	90				
190	482.60	—	—	95				
200	508.00	250	160	100				
220	558.80	—	176	110	—			
240	609.60			120	64	48		

（续）

带长代号	节线长度 L_p/mm	节线长度上的齿数 z						
		MXL	XXL	XL	L	H	XH	XXH
260	660.40			130	—	—		
300	762.00				80	60		
420	1066.80				112	84		
540	1371.60				144	108		
600	1524.00				160	120		
700	1778.00					140	80	56
800	2032.00					160	—	64
900	2286.00					180	—	72
1000	2540.00					200		80

表 3-20　同步带带宽选取表

代号	012	019	025	031	037	050	075	100	150	200	300	200	500
宽度 b/mm	3.0	4.8	6.4	7.9	9.5	12.7	19.1	25.4	38.1	50.8	76.2	101.6	127.0
型号	MXL												
		XXL											
				XL									
							L						
									H				
											XH		
											XXH		

3.4　润滑及密封设计

3.4.1　润滑

机器人的整体设计过程中，润滑及密封设计也是相当重要的一部分。

常见的润滑及密封设计主要针对减速器、齿轮传动和轴承。对于被润滑对象而言，其传动零件必须要有良好的润滑，以降低摩擦，减少磨损和发热，提高效率。合理的密封能够保证良好的润滑情况，必要的润滑是延长零部件工作寿命的重要手段。

1. 齿轮传动的润滑选取

齿轮传动的润滑方式主要取决于齿轮的圆周速度。润滑油的黏度一般根据齿轮的圆周速度选取。润滑油的推荐用值见表 3-21，根据查表得到的黏度选定润滑油的牌号。

表 3-21　润滑油推荐用值

齿轮材料	圆周速度 $v/(m/s)$						
	<0.5	0.5~1	1~2.5	2.5~5	5~12.5	12.5~25	>25
铸铁、青铜	320	220	150	100	80	60	—
钢($\sigma_s=450~1000$MPa)	500	320	220	150	100	80	60
钢($\sigma_s=1000~1250$MPa)	500	500	320	220	150	100	80
钢($\sigma_s=1250~1600$MPa)	1000	500	500	320	220	150	100
渗碳或表面淬火钢	1000	500	550	320	220	150	100

注：多级减速器的润滑油黏度应按各级黏度的平均值选取。

2. 滚动轴承的润滑选取

滚动轴承的润滑主要是为了降低摩擦阻力和减轻磨损，同时也起到吸振、冷却、防锈和密封的作用。对于滚动轴承，一般地，在高速时采用油润滑，在低速时采用脂润滑；某些特殊环境，如高温和真空条件下，则采用固体润滑。

滚动轴承润滑方式的选取见表 3-22。

表 3-22　润滑方式的选取

轴承类型	$dn/(mm \cdot r/min)$				
	浸油飞溅润滑	滴油润滑	喷油润滑	油雾润滑	脂润滑
深沟球轴承 角接触球轴承 圆柱滚子轴承	≤2.5×105	≤4×105	≤6×105	>6×105	≤(2~3)×105
圆锥滚子轴承	≤1.6×105	≤2.3×105	≤3×105	—	
推力球轴承	≤0.6×105	≤1.2×105	≤1.5×105	—	

3.4.2　润滑剂及润滑装置

润滑剂黏度确定见表 3-23，运动黏度确定见表 3-24，主要润滑油参数见表 3-25，主要润滑脂参数见表 3-26。

表 3-23　润滑剂黏度

齿轮材料	齿面硬度	圆周速度 $/m \cdot s^{-1}$						
		<0.5	0.5~1	1~2.5	2.5~5	5~12.5	12.5~25	>25
调质钢	<280HBW	266(32)	177(21)	118(11)	82	59	44	32
	280~350HBW	266(32)	266(32)	177(21)	118(11)	82	59	44
渗碳或表面淬火钢	40~64HRC	444(52)	266(32)	266(32)	177(21)	118(11)	82	59
塑料、青铜、铸钢	—	177	118	82	59	44	32	—

注：1. 多级齿轮传动，润滑油黏度按各级传动的圆周速度平均值来选取。

　　2. 表内数值为 50℃时的黏度，而括号内的数值为 100℃时的黏度。

表 3-24　运动黏度

滑动速度 v_s/(m/s)	≤1	≤2.5	≤5	>5~10	>10~15	>15~25	>25
工作条件	重	重	中	—	—	—	—
运动黏度	444(52)	266(32)	177(21)	118(11)	82	59	44
润滑方式	油池润滑			油池或喷油润滑	喷油润滑,喷油压强/(N/mm²)		
					0.07	0.2	0.3

注：表内的数值为 50℃ 时的黏度值，括号内的数值为 100℃ 时的黏度值。

表 3-25　主要润滑油的种类及其用途

名称	代号	运动黏度/(mm²/s)		凝点/℃ 不低于	闪点(开口)/℃ 不低于	主要用途
		40℃	50℃			
全损耗系统用油 (GB 443—1989)	AN46	41.4~50.6	26.1~31.3	−5	160	用于轻载、普通机械的全损耗系统润滑,不适用于循环润滑系统。(新标准的黏度按 40℃ 取值)
	AN68	61.2~74.8	37.1~44.4	−5	160	
	AN100	90.0~110	53.4~56.0	−5	180	
	AN150	135~165	75.9~91.2	−5	180	
工业闭式齿轮油 (GB 5903—2011)	L-CKC68	61.2~74.8	37.1~44.4	−12	180	用于中负荷、无冲击、工作温度 −16~100℃ 齿轮副的润滑
	L-CKC100	90.0~110	52.4~63.0	−12	200	
	L-CKC150	135~165	75.9~91.2	−9	200	
	L-CKC220	198~242	108~129	−9	200	
	L-CKC320	288~352	151~182	−9	200	
	L-CKC460	414~506	210~252	−9	200	
	L-CKC680	612~748	300~360	−5	200	
	L-CKD68	61.2~74.8	37.1~44.4	−12	180	用于高负荷,工作温度 100~120℃,接触应力 >500MPa、有冲击的齿轮副的润滑
	L-CKD100	90~110	52.4~63.0	−12	200	
	L-CKD150	135~165	75.9~91.2	−9	200	
	L-CKD220	198~242	108~129	−9	200	
	L-CKD320	288~352	151~182	−9	200	
	L-CKD460	414~506	210~252	−9	200	
	L-CKD680	612~748	300~360	−5	220	
蜗杆蜗轮油 (SH/T 0094—1991)	L-CKE220, L-CKE/P220	198~242	108~129	−6	200	用于蜗杆蜗轮传动的润滑
	L-CKE320, L-CKE/P320	288~352	151~182	−6	200	
	L-CKE460, L-CKE/P460	414~506	210~251	−6	220	
	L-CKE680, L-CKE/P680	612~748	300~360	−6	220	
	L-CKE1000, L-CKE/P1000	900~1100	425~509	−6	220	

表 3-26 主要润滑脂的种类及其用途

名称	代号	针入度（25℃，150g）1/10mm	滴点/℃ 不低于	主要用途
钙基润滑脂 （GB/T 491—2008）	1 号	310~340	80	耐水性能好，适用于工作温度≤55~60℃的工业、农业和交通运输等机械设备的轴承润滑，特别适用于有水或潮湿的场合
	2 号	265~295	85	
	3 号	220~250	90	
	4 号	175~205	95	
钠基润滑脂 （GB/T 492—1989）	2 号	265~295	160	耐水性能差，适用于工作温度≤110℃的一般机械设备的轴承润滑
	3 号	220~250	160	
钙钠基润滑脂 （SH/T 0368—1992）	1 号	250~290	120	用在工作温度 80~100℃、有水分或较潮湿环境中工作的机械润滑，多用于铁路机车、列车、小电动机、发电机的滚动轴承（温度较高者）润滑，不适用于低温工作
	2 号	200~240	135	
滚珠轴承脂 （SY 1514—82）	ZG 69-2	250~290 -40℃时为 30	120	用于各种机械的滚动轴承润滑
通用锂基润滑脂 （GB/T 7324—2010）	1 号	310~340	170	用于工作温度在-20~120℃范围内的各种机械的滚动轴承、滑动轴承的润滑
	2 号	265~295	175	
	3 号	220~250	180	
7407 号齿轮润滑脂 （SH/T 0469—1994）		75~90	160	用于各种低速齿轮、中或重载齿轮、链和联轴器等的润滑，使用温度≤120℃，承受冲击载荷≤25000MPa

3.4.3 密封装置

密封装置分为两大类：

（1）静密封 静密封可采用各种垫片，包括金属垫片、非金属垫片及密封胶等。

（2）动密封 动密封又分为接触式、非接触式、半接触式密封，其中应用比较广泛的是接触式密封，主要应用于各种密封圈或毡圈实现密封。

第4章

机械臂装配图的绘制

4.1.1　概述

装配图是表达各零部件结构形状、相互位置和尺寸的图样，也是表达设计人员构思的特殊语言。它是绘制零部件图及机器组装、调试及维护的主要依据。

设计装配图时，要综合考虑工作条件、强度、刚度、加工、装拆、调整、润滑、维护等方面的要求。设计内容既多又复杂，有些地方还不能够一次性确定，因此，通常在绘制装配图时，采用"边画、边算、边改"的"三边"的设计方法。

机械臂装配图的设计绘制通过以下步骤完成：

1）设计机械臂装配图的准备。准备工作包括对主要部件的参数、选型、设计、组合等基本信息的汇总等。

2）机械臂装配草图的设计绘制。

3）整理、完善草图，绘制机械臂装配图。

4.1.2　设计机械臂装配图的准备

在设计绘制装配草图之前，必须做好的准备工作如下：

（1）必要的理论知识和直观经验的积累

1）收集关于机械臂的组件等结构及加工工艺过程的录像等，了解并积累相关组件拆装的直观经验，或者直接进行机械臂的拆装实验。仔细了解机械臂各零部件之间的相互关系、位置及作用。

2）查找资料。寻找与机械臂装配相关的典型示例进行学习，至少达到能够读懂一些典型的机械臂装配图中信息的程度。

（2）有关设计和绘制的数据准备

1）齿轮传动、同步带传动、减速器传动等传动装置的主要尺寸，如中心距及齿轮分度圆直径、齿顶圆直径、同步带带轮直径、同步带带长、减速器标准件型号等。

2）各部位伺服电动机的安装尺寸，如电动机中心高、外伸轴直径和长度等，以及驱动轴等轴类零件的尺寸等。

3）根据各传动装置的工作环境确定相应的润滑方式。

（3）机械臂外尺寸结构的设计

　　根据工业机器人所要实现的功能和实现功能所需要的工作空间等信息，对工业机器人的机械臂的尺寸进行初步设计。同时，为了保障各个机械臂上驱动部分的负载条件，还要对机械臂的整体结构的制造材料进行选取。具体内容可参考第 2 章相关机械系统部分的设计。

　　（4）选择图样比例和视图布置

　　1）选择比例尺。一般可优先采用 1∶1 或 1∶2 的比例尺。

　　2）选择视图。一般应有三个视图才能够将结构表达清楚。必要时，还应有局部剖视图、向视图和局部放大图，以补充细节。

　　3）合理布置图面。根据机械臂外结构的臂长、内部传动装置的零件尺寸、电动机的安装尺寸等，估计所设计的机械臂的大致轮廓尺寸（三个视图中的尺寸），同时考虑标题栏、明细表、技术特性、技术要求等需要的空间，以保证图面的合理布置。

　　根据二维示意图，可以在图纸中预先设计大致的三视图图样，从而使整张装配图的布局更加合理。本教程二维主视图如图 4-1 所示。

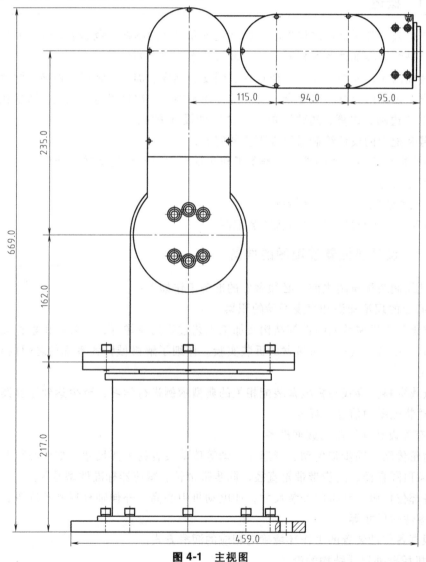

图 4-1　主视图

4.1.3　机械臂装配草图的设计绘制

1. 确定设计参数

通过前三章的介绍，已经完成机械臂各个部位的传动装置的结构设计，包括确定驱动装置电动机的选型及输出方式；确定各标准件的尺寸；确定传动装置的各组件的尺寸；轴的结构设计，包括确定轴的尺寸、支点位置和作用在轴上零件的力的作用点；轴的强度和轴承寿命计算；轴系零件的结构设计。根据以上计算确定图样绘制所需参数。

2. 初绘

1）先画定位线，如图 4-2 所示。

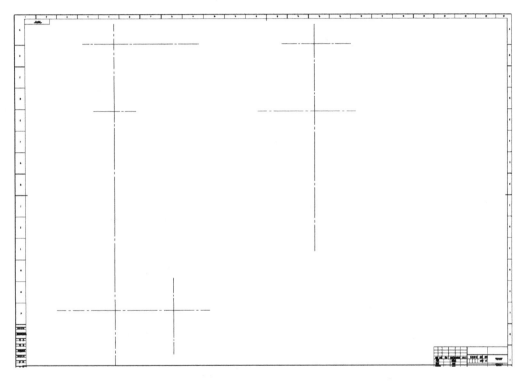

图 4-2　定位线

2）再画主要装配干线，由内向外扩展，如图 4-3 所示。

3）补充其他装配结构，并检查、描深等，如图 4-4 所示。

3. 补充细节

针对已生成的装配体三视图，完成各个视图后要确保各视图的投影关系正确。但是为了防止出现各标准件位置或传动关节、驱动关节处的装配关系表达不明确的问题，需要通过局部的剖视图来表现装配关系，以解决此类问题。

最后，在完成装配图的绘制后，要对装配图进行检查和修改。一般先从装配体的内部、局部开始检查，然后扩展到外部、整体的装配关系。先对齿轮、轴、轴承及同步带等标准件或设计件进行检查，然后再对与其产生装配关系的外壳等进行检查，最后检查其余剩下的零件。在检查过程中，要确保三个视图对照起来，以便发现问题。

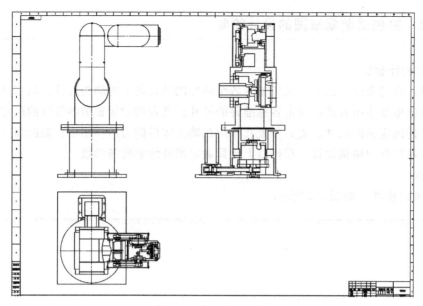

图 4-3　主要装配干线

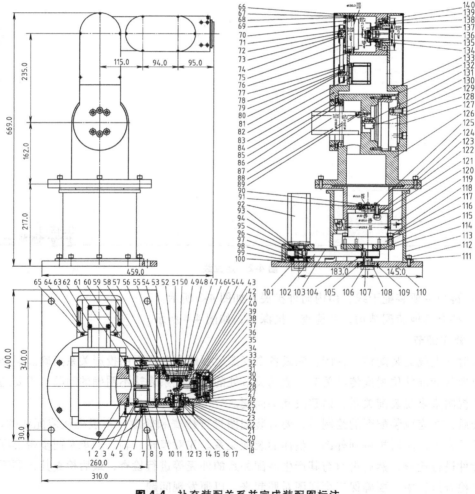

图 4-4　补充装配关系并完成装配图标注

主要涉及的检查问题大致有以下几种：

1）确保总体布置与传动装置方案简图是否一致。

2）保证轴上零件能按顺序拆装，同时保证其他零件的装配顺序。

3）保证润滑和密封。

4）确保总体装配留有足够的装配空间。

4.1.4　利用 SOLIDWORKS 绘制装配图

1. 在 SOLIDWORKS 中创建装配图

1）利用 SOLIDWORKS 新建工程图功能建立工程图，如图 4-5 所示。

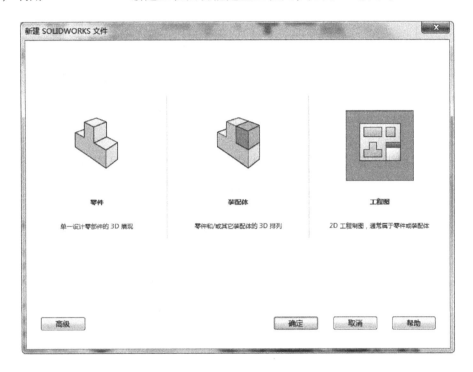

图 4-5　SOLIDWORKS 新建工程图界面

2）利用导入模型视图工具栏（图 4-6），生成三视图，如图 4-7 所示。

图 4-6　导入模型视图工具栏

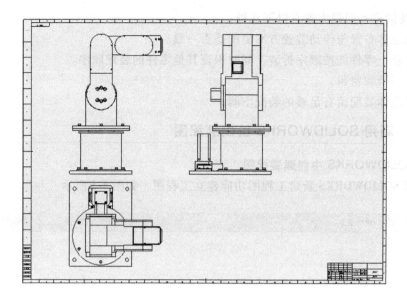

图 4-7　生成三视图

3）利用局部剖切功能可生成左视图、俯视图，如图 4-8、图 4-9 所示。

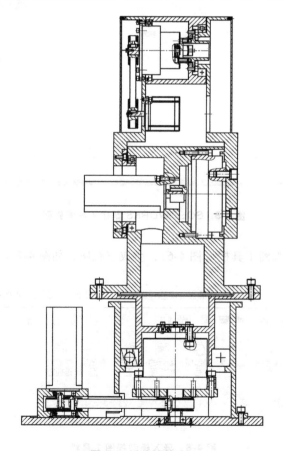

图 4-8　左视图剖切

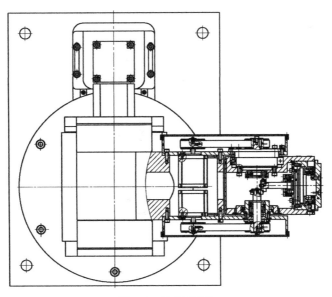

图 4-9　俯视图剖切

4）标准件不剖处理，可参考图 4-10 所示进行设定。

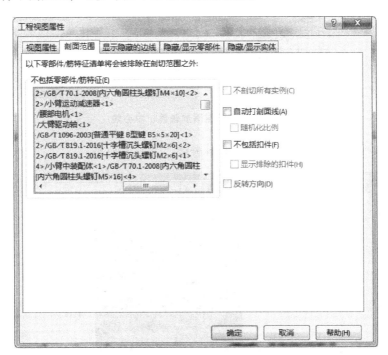

图 4-10　剖面范围选择

5）编辑剖面线可以通过剖面线编辑工具栏完成设置，如图 4-11 所示。

6）最后添加轴线、中心线即可，如图 4-12 所示。

2. 在 AutoCAD 中编辑装配图

将装配图导入 AutoCAD 中进行细节编辑。

图 4-11 剖面线编辑工具栏

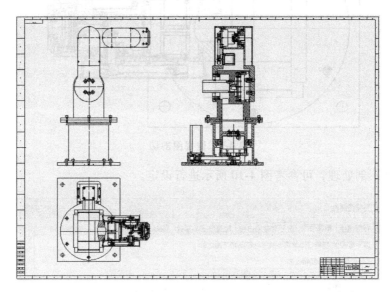

图 4-12 装配图添加轴线、中心线

1）利用样式管理器进行尺寸标注，如图 4-13、图 4-14 所示。

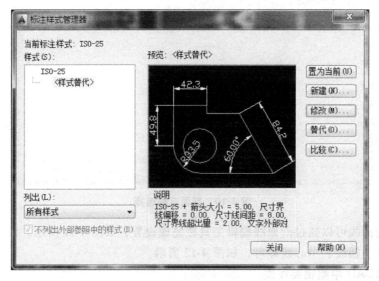

图 4-13 标注尺寸界面

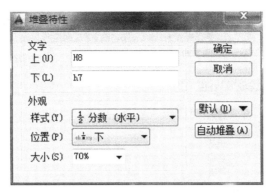

图 4-14　设置尺寸标注样式

2）在多重引线样式管理器中设置引线样式，为零件序号编写生成引线，如图 4-15 所示。

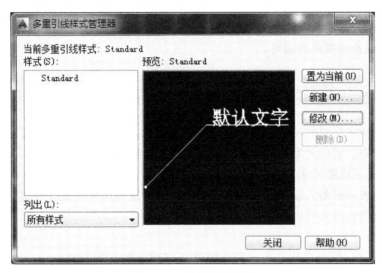

图 4-15　零件序号编写

3）创建标题栏和明细栏，如图 4-16、图 4-17 所示。

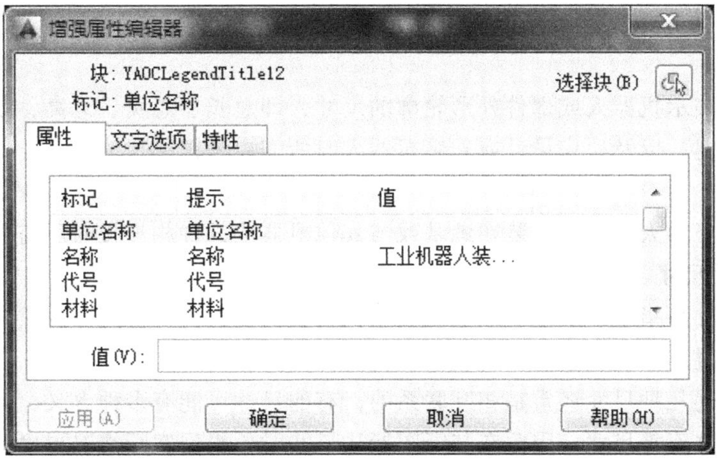

图 4-16　创建标题栏

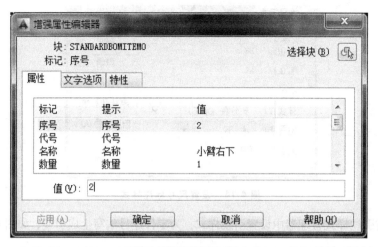

图 4-17　创建明细栏

4）最后完成技术要求的编写。

4.2　装配图的尺寸标注

装配图中应标注必要的尺寸。这些尺寸根据装配图的作用确定，用于进一步说明机器人的性能、工作原理、装配关系和安装要求。装配图上应标注以下五种尺寸。

1. 性能尺寸（规格尺寸）

性能尺寸是表示机器人或部件性能和规格的尺寸，这些尺寸在设计时就已经确定，也是设计、了解和选用机器人的依据。

2. 装配尺寸

（1）配合尺寸　配合尺寸是表示两个零件之间配合性质的尺寸，由公称尺寸和孔与轴的公差带代号组成，是拆画零件图时确定零件尺寸公差的依据。

（2）相对位置尺寸　相对位置尺寸是表示装配机器人和拆画零件图时需要保证的零件间相对位置的尺寸。例如，零件沿轴向装配后所占部位的轴向位置尺寸，是装配、调整过程所需要的尺寸，也是拆画零件图、校图时所需要的尺寸。

3. 外形尺寸

外形尺寸是表示机器人或部件外形轮廓的尺寸，即总长、总宽、总高，是机器人或部件进行包装、运输时，以及厂房设计或安装机器人时所需要考虑的尺寸。

4. 安装尺寸

安装尺寸是机器人或部件安装在地基或与其他机器或部件相连接时所需要的尺寸。

5. 其他重要尺寸

其他重要尺寸是指设计时需要保证而又未包括在上述四种尺寸之中的重要尺寸。这种尺寸是在设计时经过计算确定或选定的尺寸，在拆画零件图时不能改变。

装配图中上述几种尺寸经常是相互联系的，有的尺寸可能有多种含义，但也并不是所有的装配图都具有这五类尺寸，因此在装配图标注尺寸时要根据实际情况再确定。

本教程以机器人外形尺寸标注为例说明尺寸标注，如图 4-18 所示。

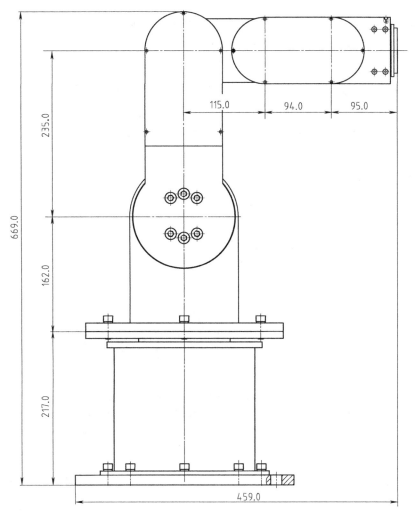

图 4-18　外形尺寸标注示意图

4.3　编写零部件编号、明细栏和标题栏

　　装配图上的每个零件或部件都必须编注序号或代号，并填写明细栏，以便统计零件数量，从而进行生产的准备工作。同时，在读装配图时，也是根据序号查阅明细栏，以了解零件的名称、材料和数量等。并且，编注序号或代号也有利于读图和图样管理。

　　1. 零部件序号

　　1）序号或代号应标注在图形轮廓线外边，并写在指引线的横线上或圆内（指引线应指向圆心），横线或圆用细实线画出。指引线应从所指零部件的可见轮廓内（若剖切开，则尽量由剖切区域内）引出，并在末端画一小圆点，在指引线的非零件端附近注写序号。序号字体应比尺寸数字大一号或两号。若在所指部分内不易画圆点，则可在指引线末端画出指向该部分轮廓的箭头。

　　2）指引线尽可能分布均匀且不要彼此相交，也不要过长。指引线通过有剖面线的区域时，不应与剖面线平行，必要时可画成折线，但只允许弯折一次。对于一组紧固件及装配关系清楚的零件组，可采用公共指引线。公共指引线常用于螺栓、螺母和垫圈零件组。

3）相同的零部件用一个序号，一般只标注一次；多处出现的相同的零部件，必要时也可重复标注。

4）序号应沿水平或竖直方向按顺时针或逆时针次序排列整齐。

5）为了使全图能布置得整齐、美观，在标注零部件序号时，应先按照一定的位置画好横线或圆，然后再与零部件一一对应，画出指引线，如图 4-19 所示。

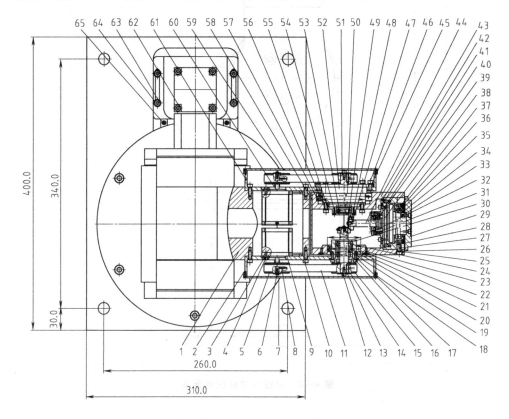

图 4-19 零部件序号标注示意图

2. 标题栏和明细栏

装配图的标题栏与零件图的标题栏类似。明细栏是说明组成机器或部件的零（部）件的详细目录，一般由序号、名称、数量、材料、备注等组成，也可按实际需要增减栏目。

明细栏一般配置在标题栏上方，按由下而上的顺序填写，以便增加零件时可以继续向上画格。当由下而上延伸位置不够时，可紧靠标题栏的左边自下而上延续。在实际生产中，明细栏也可不画在装配图内，按 A4 幅面作为装配图的续页单独绘出，编写顺序是由上而下，并可连续加页，但在明细栏下方应配置与装配图完全一致的标题栏。

明细栏和标题栏的格式在国家标准中已有规定，教学中可采用简化的明细栏，其外框左右为粗实线，内框为细实线。

本教程使用的明细栏如图 4-20 所示，以供参考。

140		大臂两侧外板	2	铝合金
139	GB/T 276—2013	深沟球轴承61912-2Z	1	
138	GB/T 70.1—2008	内六角圆柱头螺钉M5×12	6	不锈钢
137		驱动小臂盘	1	45
136	GB/T 276—2013	深沟球轴承606-2Z	1	
135	GB/T 93—1987	标准型弹性垫圈5	4	65Mn
134	GB/T 70.1—2008	内六角圆柱头螺钉M5×16	4	不锈钢
133		大臂右	1	铝合金
132	GB/T 70.1—2008	内六角圆柱头螺钉M6×40	16	不锈钢
131	GB/T 1096—2003	普通平键 B型键B5×5×20	1	45

130	GB/T 93—1987	标准型弹性垫圈10	6	65Mn
129	GB/T 70.1—2008	内六角圆柱头螺钉M10×25	6	不锈钢
128		腰部驱动轴	1	45
127		行星减速器	1	
126		腰部	1	铝合金
125	GB/T 276—2013	深沟球轴承6002-2RS	1	
124	GB/T 70.1—2008	内六角圆柱头螺钉M8×25	6	不锈钢
123	GB/T 93—1987	标准型弹性垫圈8	6	65Mn
122	GB/T 70.1—2008	内六角圆柱头螺钉M8×25	6	不锈钢
121	GB/T 93—1987	标准型弹性垫圈8	6	65Mn
120		底座上	1	合金钢
119	GB/T 276—2013	深沟球轴承6024-2RS	1	
118	GB/T 70.1—2008	内六角圆柱头螺钉M8×35	6	不锈钢
117	GB/T 93—1987	标准型弹性垫圈8	6	65Mn
116		谐波减速器	1	
115	SLA36-5GT150-A-N20	同步带轮	1	铝合金
114		底座内支座	1	Q235
113		底座下	1	合金钢
112	GB/T 70.1—2008	内六角圆柱头螺钉M8×20	6	不锈钢
111	GB/T 93—1987	标准型弹性垫圈8	7	65Mn
110		底板	1	Q235
109	GB/T 819.1—2016	十字槽沉头螺钉M3×8	6	不锈钢
108	GB/T 276—2013	深沟球轴承6003-2RS	1	
107		底板下盖	1	Q235
106		底座主轴	1	45
105		底座轴套	1	Q235
104	GB/T 1096—2003	普通平键A型键6×6×18	1	Q235
103		底座传动外壳	1	Q235
102	RBT5GT-100-150	同步带	1	橡胶
101		底座电机支座下盖	1	Q235

图 4-20　明细栏示意图

4.4　编写技术特性和技术要求

装配图中技术特性和技术要求的编写，主要表达某些无法用图形表达清楚，需要用文字加以说明的信息。例如：

1）装配体的性能、安装、使用和维护的要求。

2）装配体的制造、检验和使用的方法及要求。

3）装配体对润滑和密封等的特殊要求。

本教程使用的技术要求如图 4-21 所示，以供参考。

技术要求
1. 装配前所有零件用煤油清洗，滚动轴承用汽油清洗。
2. 各配合处、密封处、螺钉连接处用润滑脂润滑。
3. 未加工外表面涂灰色油漆。
4. 机械臂具有 5 个自由度。

图 4-21　技术要求示意图

总装配图，如图 4-22 所示。

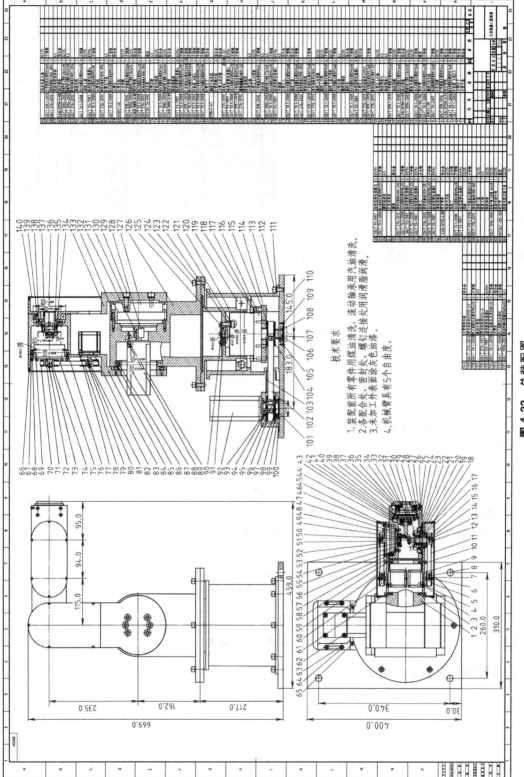

技术要求

1. 装配前所有零件用煤油清洗，滚动轴承用汽油清洗。
2. 各配合处、密封合处、螺钉连接处用润滑脂润滑。
3. 未加工外表面涂灰色油漆。
4. 机械臂具有5个自由度。

图4-22 总装配图

第5章

零件图的绘制

5.1 对零件图的要求

零件图是制造、检验零件及指定工艺规程的重要技术资料。图样必须完整、准确地反映设计者的意图。图样需要具备数量足够的视图，正确的尺寸标注，必要的尺寸公差、几何公差，所有加工表面的表面粗糙度要求，以及技术要求等。

1. 内容

为了满足生产需要，一张完整的零件图应包括以下基本内容：

1）一组视图。综合运用视图、剖视图、向视图及其他规定和简化画法，绘制出能把零件的内、外结构形状表达清楚的一组视图。

2）完整的尺寸，零件图上应注出加工完成和检验零件是否合格所需的全部尺寸，用于确定零件各部分的大小和位置。

3）标题栏。标题栏用于说明零件的名称、材料、数量、日期、图的编号、比例，并有制图、审核人员签字等。根据国家标准规定，标题栏有固定形式及尺寸，制图时应按国家标准绘制。

4）技术要求。用一些规定的符号、数字、字母和文字注解，简明、准确地给出零件在使用、制造和检验时应达到的一些技术要求。

2. 视图选择

零件的视图选择就是选用一组合适的视图表达出零件的内、外结构形状及其各部分的相对位置关系。好的零件视图表达方案可以正确、完整、清晰、简练地表达零件信息，易于读图。

由于零件的结构形状是多种多样的，所以在画图前应对零件进行结构形状分析，并针对不同零件的特点选择主视图及其他视图，确定最佳表达方案。

选择视图的原则是在完整、清晰地表达零件内、外形状的前提下，尽量减少视图数量，以方便画图和读图。

3. 尺寸标注

零件图中的图形，只能用于表达零件的形状，而零件各部分的真实大小及相对位置，则靠尺寸标注来确定。

零件图上所标注的尺寸不仅要满足设计要求，还应满足生产要求。零件图上的尺寸要标注得完整、清晰，符合国家标准规定。度量尺寸的起点，称为尺寸基准。要把尺寸标注得合理，就要选择恰当的尺寸基准。在选择尺寸基准时，必须根据零件在机器人中的作用、装配关系，以及零件的加工方法、测量方法等情况来确定。尺寸基准有两种：

1）设计基准。根据零件的设计要求所选定的基准称为设计基准。

2）工艺基准。根据零件的加工、测量要求所选定的基准称为工艺基准。

每个零件都有长、宽、高三个方向的尺寸，每个方向上都应有一个主要基准。标注尺寸时，既要考虑设计要求，又要考虑工艺要求。合理标注尺寸的原则一般为：

1）主要尺寸应从设计基准出发直接标注。

2）一般尺寸应从工艺基准出发标注。

3）不重要尺寸作为尺寸链的封闭环，不必标注。

4）毛坯面与加工面应分别标注。

4. 技术要求

零件图的技术要求是指制造和检验该零件时应达到的质量要求。技术要求主要包含以下内容：

1）零件的材料及毛坯要求。

2）零件的表面粗糙度要求。

3）零件的尺寸公差、几何公差。

4）零件的热处理、涂镀、修饰、喷漆等要求。

5）零件的检测、验收、包装等要求。

这些内容有的按规定符号或代号标注在图上，有的用文字注写在图样的右下方。

本教程主要介绍轴类零件和齿轮类零件的绘制。

5.2　　轴类零件图

1. 视图选择

轴类零件一般只需要一个视图即可将其结构表达清楚。对于轴上的键槽、孔等结构，可用必要的局部剖视图或者断图来表达。轴上的退刀槽、越程槽、中心孔等细小结构可用局部放大图来表达。

2. 尺寸标注

轴类零件应标注各轴段的直径、长度，以及键槽和细部结构尺寸。

（1）标注径向尺寸　各轴段的直径必须逐一标注，即使在直径完全相同的各轴段处也不能省略。凡是有配合关系的轴段，应根据装配图上所标注的尺寸及配合类型来标注直径及其公差。

（2）标注长度尺寸　轴的长度尺寸标注，首先应正确选择基准面，尽可能使尺寸标注符合轴的加工工艺和测量要求，不允许出现封闭尺寸链。轴的长度尺寸标注以齿轮定位轴肩为主要基准，以轴承定位轴肩及两端面为辅助基准，其标注方法应基本上与轴在数控加工工艺中的加工顺序相符合。

本教程以基座轴为例标注轴尺寸，如图5-1所示。

3. 标注尺寸公差及几何公差

一般对于有配合要求的直径，尺寸公差应按装配图选定的配合类型标注。轴的重要表面应标注几何公差，以保证轴的加工精度，如图5-2所示。

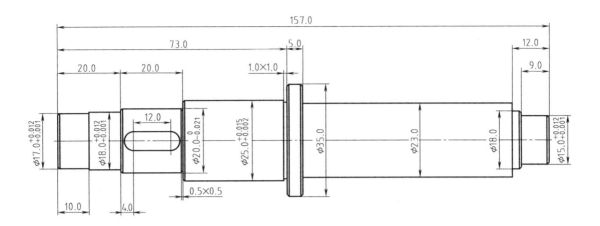

图 5-1　轴尺寸标注

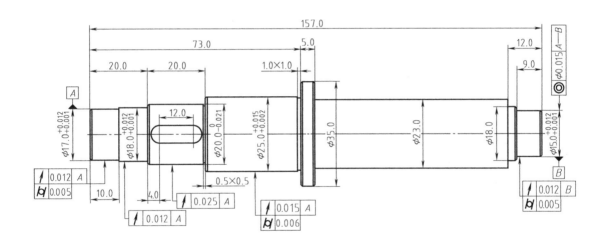

图 5-2　轴尺寸及公差标注

4. 标注表面粗糙度

零件所有表面（包括非加工的毛坯表面）均应注明表面粗糙度。轴的各部分精度要求不同，加工方法也不同，故其表面粗糙度要求也不应该相同。轴的各加工表面的表面粗糙度可参照表 5-1 确定。

表 5-1　加工表面粗糙度推荐用值表

加工表面		表面粗糙度 Ra 的推荐值/μm
与滚动轴承相配合的	轴颈表面	$0.4 \sim 0.8\,(d \leqslant 80\text{mm})$，$0.8 \sim 1.6\,(d > 80\text{mm})$
	轴肩端面	1.6

（续）

加工表面		表面粗糙度 Ra 的推荐值/μm
与传动零件、联轴器相配合的	轴头表面	0.8~1.6
	轴肩端面	1.6~3.2
平键键槽的	工作面	1.6~3.2
	非工作面	6.3~12.5
密封轴段表面	毡圈密封	1.6~3.2(v≤3m/s)
		0.4~0.8(v>3~5m/s)
	橡胶密封	0.2~0.4(v>5~10m/s)
	间隙或密封	1.6~3.2

注：d 为轴承内径；v 为与轴接触处的圆周速度。

轴尺寸、公差及表面粗糙度的标注如图 5-3 所示。

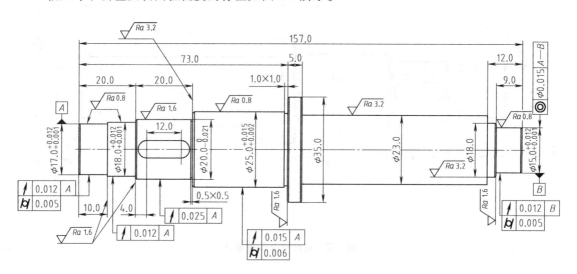

图 5-3　轴尺寸、公差及表面粗糙度标注

5. 技术要求

轴类零件主要有如下技术要求：

1）对材料及表面性能的要求。例如，热处理方法、硬度、渗碳深度及淬火深度等。

2）对轴的加工要求。例如是否保留中心孔等。

3）对图中未注明倒角、圆角的尺寸说明及其他特殊要求。例如，个别部位有修饰加工要求，对长轴有校直毛坯要求等。

最终完成的零件图如图 5-4 所示。

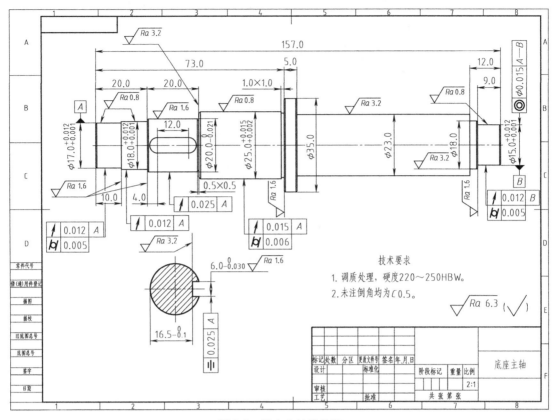

图 5-4　基座主轴零件图

5.3　齿轮类零件图

齿轮类零件包括齿轮、蜗杆、蜗轮。此类零件图除需满足轴类零件图的上述要求外，还应有供加工和检验用的啮合特性表。

1. 视图选择

齿轮类零件一般可用两个视图（主视图和左视图）表达。主视图主要表达轮毂、轮缘、轴孔、键槽等结构，左视图主要反映轴孔、键槽的形状和尺寸。左视图可画出完整视图，也可只画出局部视图。

对于齿轮轴、蜗杆轴，可按照轴类零件图绘制方法绘出。

2. 尺寸及公差标注

（1）尺寸标注　齿轮为回转体，应以其轴线为基准线标注径向尺寸，以端面为基准标注轴向长度尺寸。齿轮的分度圆直径是设计计算的基本尺寸，齿顶圆直径、轴孔直径、轮毂直径、轮辐（或辐板）等都是齿轮生产加工中不可缺少的尺寸，均必须标注。其他（如圆角、倒角、锥度、键槽）等尺寸，应做到既不重复标注，也不漏标。

（2）公差标注　齿轮的轴孔和端面是齿轮加工、检验、安装的重要基准。轴孔直径应按装配图的要求标注尺寸公差及几何公差（如圆柱度）；齿轮两端面应标注跳动公差。

圆柱齿轮常以齿顶圆作为齿面加工时定位找正的工艺基准或作为检验齿厚的测量基准，应标注齿顶圆尺寸公差和跳动公差。

本教程使用的机器人腕部锥齿轮的尺寸标注如图5-5所示。

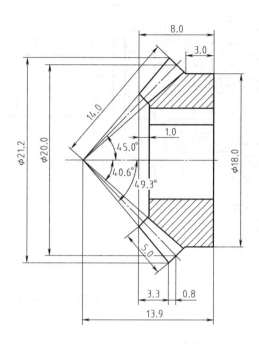

图 5-5 锥齿轮尺寸标注

3. 表面粗糙度的标注

齿轮类零件的各加工表面的表面粗糙度可从表5-2中选取，标注方法如图5-6所示。

表 5-2 齿轮表面粗糙度推荐用值

加工表面		Ra 推荐值/μm			
		6 级精度	7 级精度	8 级精度	9 级精度
轮齿工作面(齿面)		0.8~1.0 （磨齿或珩齿）	1.25~1.6 （高精度滚齿、插齿或磨床）	2.0~2.5 （精滚或精插齿）	3.2~4.0 （一般滚齿或插齿）
齿顶圆柱面	作基准	1.6	1.6~3.2	1.6~3.2	3.2~6.3
	不作基准	6.3~12.5			
齿轮基准孔		0.8~1.6	0.8~1.6	0.8~1.6	3.2~6.3
齿轮轴的轴颈					
齿轮基准断面		0.8~1.6	1.6~3.2	0.8~1.6	3.2~6.3
平键键槽	工作面	1.6~3.2			
	非工作面	6.3~12.5			
其他加工表面		6.3~12.5			

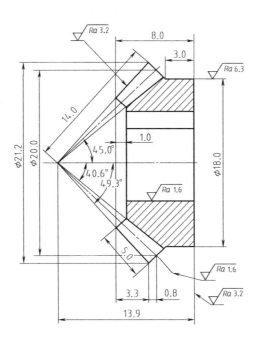

图 5-6　锥齿轮尺寸及表面粗糙度标注

4．啮合特性

在齿（蜗）轮零件图的右上角应列出啮合特性表。其内容包括齿轮的基本参数、精度等级、相应检验项目及其偏差。若需要检验齿厚，则应画出其法面齿形，并注明齿厚值及齿厚偏差。

5．技术要求

技术要求应包括以下内容：

1）对铸件、锻件等毛坯件的材料特性要求。

2）对齿（蜗）轮材料力学性能、表面性能（如热处理方法、齿面硬度）的要求。

3）对未注明圆角、倒角的尺寸或其他的必要说明，如对大型或高速齿轮的平衡检验要求等。

本教程提供直齿锥齿轮零件图如图 5-7 所示，可供参考。

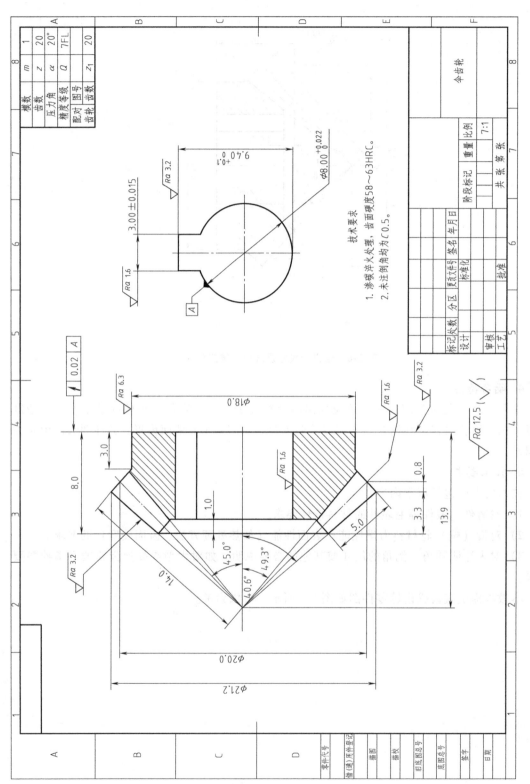

图 5-7 直齿锥齿轮零件图

第6章

计算机辅助设计

6.1 计算机辅助设计概述

计算机辅助技术包括计算机辅助设计、计算机辅助制造、计算机辅助测试和计算机辅助教学等。

计算机辅助设计（Computer Aided Design，CAD）是利用计算机系统辅助设计人员进行工程或产品的设计，以实现最佳设计效果的一种技术，已广泛应用于飞机、汽车、机械、电子、建筑和轻工等领域。例如，在计算机的设计过程中，利用 CAD 技术进行体系结构模拟、逻辑模拟、插件划分、自动布线等；又如在建筑设计过程中，利用 CAD 技术进行力学计算、结构计算、建筑图样绘制等。CAD 技术使各个领域的设计自动化程度提高，也使设计速度和设计质量大大提高。

计算机辅助技术在许多领域都得到了广泛的应用，在机械产品设计与制造方面应用最为广泛，包括工程图的绘制、模型生成、性能分析、数控加工、工艺计划编制等。

采用计算机绘制工程图样，是以计算机和绘图机代替绘图板。计算机能够精确地计算出图形的几何坐标，而且图形的比例、剖视、三视图、尺寸标注都可以由计算机自动完成。

模型生成，是将产品用数学方法表示为计算机能处理的形式，所建模型可用于计算、分析、数控加工。模型生成的数据还可在不同系统之间进行数据交换。

性能分析，如有限元分析是检验设计结构是否合理的一个必要手段，它从力学的角度分析应力-应变受载荷的影响以及受载时的物体变形情况。

本章将介绍利用典型 CAD 辅助功能进行机器人设计及分析等应用，包括使用 SOLID-WORKS 对机器人进行可视模型构造、基于 MATLAB 的关节型机器人轨迹规划和仿真计算，以及基于 ANSYS 软件对机器人零件的受力分析。

6.2 应用三维绘图软件建立机械系统模型

本教程中的零件绘制及装配使用的是 SOLIDWORKS 2018。SOLIDWORKS 软件是一种机械设计自动化应用程序，可快速地按照设计思想绘制草图，运用各种特征及不同尺寸生成模型和制作详细的工程图样。

零件是 SOLIDWORKS 软件中的基本组件。装配体由零件或称为子装配体的其他装配体组成。

在对机器人进行三维建模前，首先需要确定机器人的各部件尺寸，之后便可对各零件分开进行建模，最后将各零件组合，即可完成机器人的三维建模。

6.2.1 零件建模

在进行零件的草图绘制前应对零件特征进行详细分析，SOLIDWORKS 可以对草图中绘制的图形实现旋转和拉伸以得到三维实体。

对于回转体类零件可以直接在草图中绘制出其特征草图，然后绕定轴旋转以得到它的大致模型；对于凸台类零件，可在草图中画出其俯视图的主要部分后，进行拉伸以得到零件大致模型，最后对各具体特征（孔、键槽、螺纹等）进行切除，即可完成零件的建模（此处特指大部分简单零件，对于复杂零件的绘制需要在此基础上针对具体问题具体分析，不再详述）。下面以机器人的小臂壳建模为例进行介绍。

（1）分析零件特征 该零件左右对称，可大体看作圆柱体和长方体堆叠而成，因此可通过拉伸特征平面构建大致实体，之后将多余部分切除即可。

（2）绘制草图 打开 SOLIDWORKS 2018，在任务栏中单击"文件"，单击"新建"选项卡选择"零件"，单击"确定"按钮。在任务栏中单击"草图"→ ⬜ ▾ "草图绘制"按钮，将光标移至绘图区域显示的前视基准面上，单击右键即可开始作图。单击 ╱ ▾ 按钮可以选择直线中心线、中点线，另外可以单击 ⊙ ▾ 按钮进行圆的绘制，根据俯视图框架绘制草图即可。如图 6-1 所示。

（3）从草图到实体的绘制 单击"特征"→ 🔲 按钮，之后选择被拉伸的面，输入拉伸尺寸后按<Enter>键确认，即可完成大致实体的绘制。如图 6-2 所示。

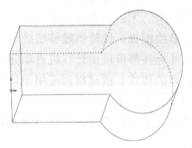

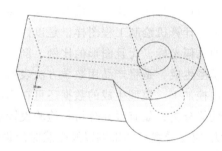

图 6-1 小臂壳平面图   **图 6-2 小臂壳实体**

（4）对实体的细微特征进行绘制 单击图形上方的 🔲 按钮，选择"前视"，在任务栏中单击"草图"→ ⬜ ▾ "草图绘制"按钮（为了在零件的主视图中完成定位及其余特征的绘制），单击 ▫ "点"按钮，将光标放在圆弧上，圆心出现后，光标移至圆心，单击左键，按<Enter>键，以该点为圆心绘制所需要的孔径。单击"特征"→ 🔲 "拉伸切除"按钮，选择需要切除的圆域，可以自由定义孔的长度，此处为通孔可选用"完全贯穿"选项，按<Enter>键之后便可得到通孔。如图 6-3 所示。

在该步骤中用到了"拉伸切除"，由于该零件微小特征较多，此处只对孔的切除进行演示。

在绘制草图过程中，应特别注意中心线的使用，尤其是对于形状对称的图形来说，利用

中心线和"镜像"命令，可以使作图效率
提高。此外，中心线可以在不影响零件特征
创建的基础上对草图进行定位和尺寸标注。

　　其他还需要指出的是以下内容：

　　1）对于标准零件的建模，SOLID-
WORKS 2018 中有着强大的标准件设计库，
在螺钉、垫圈、轴承、销钉等标准零件尺寸
参数确定的情况下，利用 SOLIDWORKS
2018 的标准件设计库可以很快地完成标准
零件的建模。只需在标准件之间输入尺寸参
数，SOLIDWORKS 2018 就可以生成相应的
标准零件。

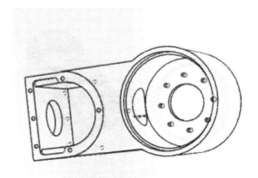

图 6-3　进行微小特征绘制后的小臂壳

　　2）在建模过程中经常采用"等距实体"命令，可以大大提高绘图效率。打开草图，选
择某个实体、模型面或模型边线，选择"工具"→"草图工具"→"等距实体"即可完成。

　　最后应该特别注意零件文件的保存，应把建好的零件文件保存在同一文件夹下，以便于
以后的修改和使用。

6.2.2　装配机械臂

　　在进行机械臂的装配前，首先应该设计装配方案，对于装配顺序进行一个合理的规划，
将零件按不同作用进行分类，装配的每一步都应该将配合、定位、传动、控制等因素考虑在
内。下面对大臂与小臂壳之间的装配进行介绍。

　　通过分析确定，大臂与小臂壳之间有一轴承，轴承的内圈套在大臂的凸台上，而轴承外
圈套在小臂壳的孔内，轴承的两端面分别与大臂、小臂壳端面相接触。

1. 零件的导入

　　1）打开 SOLIDWORKS 软件，打开准备装配的零件，单击"新建"按钮旁边的下拉箭
头 □ ▾，选择"从零件/装配体到装配体"。此时打开大臂零件图，之后单击"新建"选项
中的"从零件到装配体"。

　　2）单击 ▾"插入零部件"按钮，在下方的窗口"选择文件"选项区域中单击"浏览"
按钮，查看除第一步打开的零件以外的其他零件。单击"确认"按钮，单击左键放置零件。

　　3）用同样的方法插入轴承，插入的零件如图 6-4 所示。零件图中除小臂壳的位置外，
别的零件均可拖动。

2. 对零件进行装配

　　1）单击"插入零部件"按钮旁边的 ◎"配合"按钮，在如图 6-4 所示的零件中选择轴
承内圈的曲面和凸台的外曲面，如图 6-5 所示，单击 ✓ 按钮，实现两曲面同心配合。再次
单击"配合"按钮，选择轴承的一个端面与大臂的靠近凸台一侧的臂板面，单击"确认"
按钮，将这两个面重合。如图 6-5 所示。

　　2）将装配了轴承的大臂与小臂壳相配合。由于大臂与小臂壳通过轴承相连接，因此通
过轴承与小臂壳的配合便可实现大臂与小臂壳的配合。

单击"配合"按钮，选中轴承外圈的外曲面和小臂壳安放轴承孔的曲面，单击"确认"

图 6-4　插入的零件

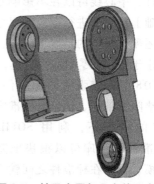

图 6-5　轴承内圈与凸台的配合

按钮，将两曲面同心配合，再次单击"配合"按钮，选中轴承另一未配合端面和小臂壳的轴承定位面，单击"确认"按钮，将两者重合配合，便实现了小臂壳与大臂间的装配。正确的装配必须实现大臂可绕小臂壳某一处进行定轴转动，如图 6-6 所示。

在主要零件配合好后，还需要将辅助定位的其他小零件装配好。在各个轴承上、基座上装配端盖、螺钉、螺母等。完成装配后便可得到机器人的完整装配图，如图 6-7 所示。

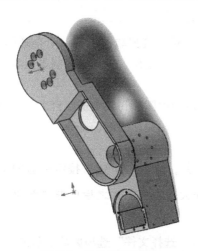

图 6-6　零件间的装配

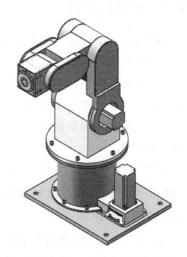

图 6-7　装配完成

6.3　基于有限元分析的零部件校核

有限元分析是利用数学近似的方法对真实的物理系统（几何和载荷工况）进行模拟。应用计算机辅助分析软件可以在产品开发前，使用相应软件对产品模拟自由落体实验、冲击实验及应力-应变分析等，以求得设计的最优解。ANSYS 软件是融合结构、热、流体、电磁、声于一体的通用有限元分析软件。本节对于零部件的校核示例是基于 ANSYS Workbench 软件进行的静力分析，用于求解静力载荷作用下结构的位移和应力等。

结构线性静力分析基本步骤为建模、施加载荷和边界条件、求解、结果评价和分析。

本节将对如图 6-8 所示的传动轴进行有限元静力学分析。具体步骤如下：

（1）建模

1）用 SOLIDWORKS 软件建立零件三维模型，保存为 ".x_t" 格式，以便导入。

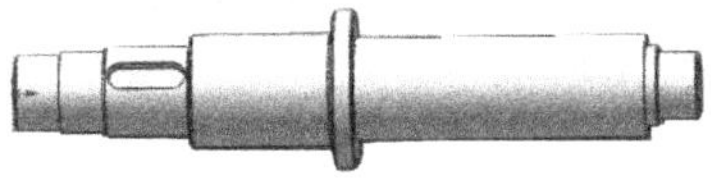

2）打开 Workbench 界面，添加一个静力学分析（Static Structural）。

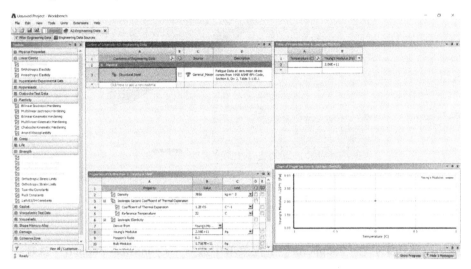

图 6-8　传动轴

3）设置材料属性，如弹性模量和泊松比，如图 6-9 所示。双击 "Engineering Data" 按钮，在 "Isotropic Elasticity" 窗口中设置弹性模量和泊松比。

图 6-9　线性各向同性材料的弹性模量和泊松比

4）导入需要进行分析的模型。双击 "Geometry" 按钮，进入操作界面选择 "Import Geometry" 选项，选择已经简化后的模型进行导入。导入后单击黄色 "Generate" 按钮，完成后关闭界面，得到如图 6-10 所示的结果。

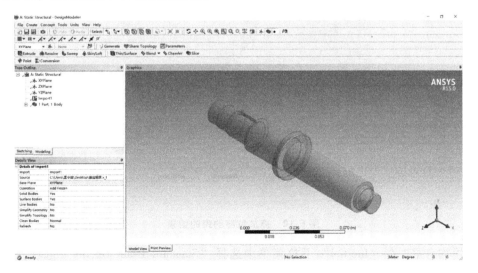

图 6-10　三维模型

5）双击"Model"，进入静力学分析环境。

6）对模型初步划分网格。单击"Mesh-Generate Mesh"按钮，划分之后得到的结果如图 6-11 所示。

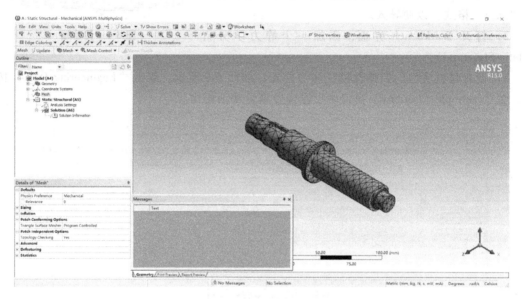

图 6-11　划分网格后的模型

（2）施加载荷

1）施加位移约束。在"Supports"下拉菜单中选择"Cylindrical Support"选项，单击轴两端与轴承连接处，如图 6-12 所示。

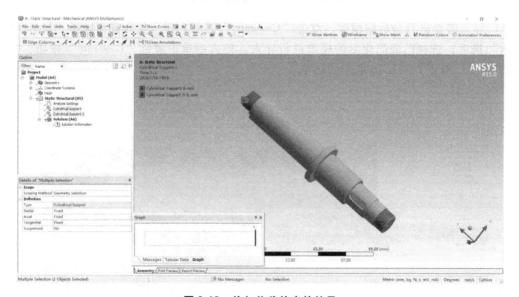

图 6-12　施加位移约束的结果

2）添加自重。在"Inertial"下拉菜单中选择"Standard Erath Gravity"选项，添加自重，受力方向取决于安装情况。

3）在轴的圆周面和键槽的一侧施加压力载荷。在"Loads"下拉菜单中选择"Pressure"选项，添加挤压应力，如图 6-13 所示。

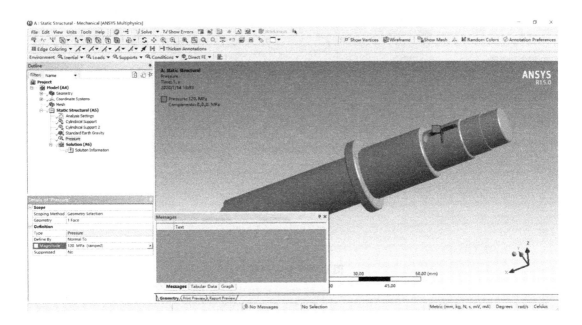

图 6-13　添加压力载荷

（3）设置边界条件　在"Solution"中插入等效应力 e_s 和总变形 t_f，如图 6-14 所示。

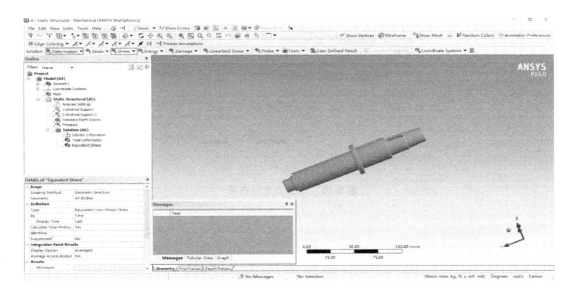

图 6-14　设置边界条件

（4）查看应力　求解后得到总变形图，如图 6-15 所示，以及等效应力分布图，如图 6-16 所示。

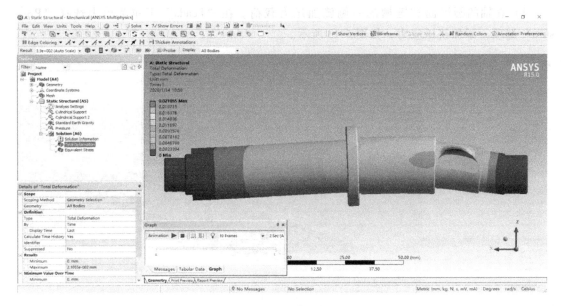

图 6-15　总变形图

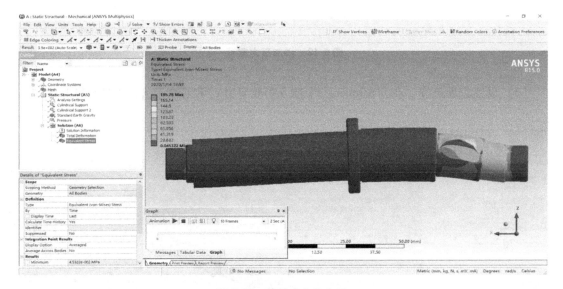

图 6-16　等效应力分布图

6.4　轨迹规划与仿真计算

6.4.1　概述

实现工业机器人的轨迹规划、运动学及动力学仿真的软件有很多。本教程以 MATLAB 软件中的机器人工具箱为介绍平台，建立选用的关节型焊接机器人模型，并给定末端执行机构的始末位置，仿真规划出机械臂各关节在整个运动轨迹中的位置、速度、加速度，并进行仿真计算。

MATLAB 是美国 MathWorks 公司出品的商业数学软件，是用于算法开发、数据可视化、数据分析及数值计算的高级技术计算语言和交互式环境，主要包括 MATLAB 和 Simulink 两大部分。MATLAB 是 Matrix 和 Laboratory 两个词的组合，意为矩阵工厂（矩阵实验室），是主要面对科学计算、可视化以及交互式程序设计的高科技计算环境。

Robotic Toolbox for MATLAB 是基于 MATLAB 的机器人学工具箱，在机器人建模、轨迹规划、控制、可视化方面使用非常方便。工具箱提供了许多对研究和仿真经典关节型机器人实用的功能，例如运动学、动力学和轨迹生成。

安装机器人工具箱的步骤如下：

（1）下载

1）下载工具箱网址为：http：//petercorke. com/wordpress/toolboxes/robotics-toolbox1。

2）把下载后的压缩包解压，得到一个名为"robot-9. 10"的文件夹，如图 6-17 所示。文件夹中，rvctools 就是机器人工具箱，pdf 和 doc 文件是使用说明。

图 6-17　robot-9. 10 的文件夹

3）将 rvctools 文件夹放在 MATLAB 安装目录下的 toolbox 文件夹下。

4）打开 MATLAB，设置路径，保存并关闭。

（2）安装

1）打开 rvctools 文件夹中的 startup_rvc. m 文件运行，此时 Robotics Toolbox 安装完毕。或者在 MATLAB 命令行输入"startup_rvc"进行安装。

2）在 MATLAB 命令行输入"ver"查看是否安装成功。

```
>>ver
Robotics  Toolbox                        Version 10.2.0
```

3）使用时，在命令行输入"startup_rvc"启动该工具箱。

6.4.2　机器人模型的建立

使用计算机对机器人运动进行仿真就必须先构建机器人模型。建模时把机器人看作由一系列连杆和关节组成的对象。通常使用 DH 参数法为关节链建立附属坐标系。

1. DH 参数的确定

根据 DH 参数法确定一个一般步骤，为每个关节指定参考坐标系，然后确定如何实现任意两个相邻坐标系之间的变换，最后写出机器人的总变换矩阵。如图 6-18 所示为三个顺序关节和两个连杆，每个关节都可以转动和平移。第一个关节指定为关节 $i-1$，第二个关节指定为关节 i，第三个关节指定为关节 $i+1$。在这些关节前后可能还有其他关节。连杆也是如此表示，连杆 i 位于关节 i 与关节 $i+1$ 之间。

（1）standard_DH 建立每个关节参考坐标系步骤

1）所有关节，无一例外均用 Z 轴表示。若关节是旋转的，则 Z 轴为按右手定则旋转的法线；若关节是滑动的，则 Z 轴方向为实现运动的方向。在每一种情况下，关节 i 处的 Z 轴及该关节的本地参考坐标系的下角都为 $i-1$。

2）通常关节不一定平行或相交。因此，通常 Z 轴是斜线，但是总有一条距离最短的公垂线，它正交于任意两条斜线。通常在公垂线方向上定义 X 轴。所以如果 a_i 表示 Z_{i-1} 与 Z_i 之间的公垂线，则 X_i 的方向与 a_i 相同。

3）如果两个关节的 Z 轴平行，选取与前一关节的公垂线共线的一条公垂线，可简化模型；如果两个相邻关节的 Z 轴相交，那么它们之间没有公垂线，可选取两条 Z 轴叉积的方向作为 X 轴，可简化模型。

（2）standard_DH 建模步骤

1）绕 Z_{i-1} 轴旋转 θ_i，它使得 X_{i-1} 和 X_i 互相平行。

2）沿 Z_{i-1} 轴平移 d_i 距离，使得 X_{i-1} 和 X_i 共线。

3）沿 X_i 轴平移 a_i 距离，使得 X_{i-1} 和 X_i 的原点重合。

4）将 Z_{i-1} 轴绕 X_i 旋转 a_i，使得 Z_{i-1} 轴与 Z_i 轴对准。

通过叉乘四个运动的四个矩阵就可以得到变换矩阵，即

$$^{i-1}T_i = \mathrm{Rot}(z_{i-1},\theta_i) \times \mathrm{Trans}(z_{i-1},d_i) \times \mathrm{Trans}(x_i,a_i) \times \mathrm{Rot}(x_i,\alpha_i)$$

$$= \begin{pmatrix} c\theta_i & -s\theta_i & 0 & 0 \\ s\theta_i & c\theta_i & 0 & 0 \\ 0 & 0 & 1 & 0 \\ 0 & 0 & 0 & 1 \end{pmatrix} \begin{pmatrix} 1 & 0 & 0 & 0 \\ 0 & 1 & 0 & 0 \\ 0 & 0 & 1 & d_i \\ 0 & 0 & 0 & 1 \end{pmatrix} \begin{pmatrix} 1 & 0 & 0 & a_i \\ 0 & 1 & 0 & 0 \\ 0 & 0 & 1 & 0 \\ 0 & 0 & 0 & 1 \end{pmatrix} \begin{pmatrix} 1 & 0 & 0 & 0 \\ 0 & c\alpha_i & -s\alpha_i & 0 \\ 0 & s\alpha_i & c\alpha_i & 0 \\ 0 & 0 & 0 & 1 \end{pmatrix}$$

$$= \begin{pmatrix} c\theta_i & -s\theta_i c\alpha_i & s\theta_i s\alpha_i & a_i c\theta_i \\ s\theta_i & c\theta_i c\alpha_i & -c\theta_i s\alpha_i & a_i s\theta_i \\ 0 & s\alpha_i & c\alpha_i & d_i \\ 0 & 0 & 0 & 1 \end{pmatrix}$$

建立标准连杆模型（SDH）如图 6-18 所示。其中，θ 表示绕 Z 轴的旋转角；d 表示在 Z 轴上两条相邻公垂线之间的距离；a 表示每一条公垂线的长度；α 表示两个相邻 Z 轴之间的角度。

（3）modified_DH 建立每个关节参考坐标系步骤

1）找出关节轴 i 与 $i+1$ 之间的公垂线或关节轴 i 与 $i+1$ 的交点，以关节轴 i 与 $i+1$ 的交点或公垂线与关节轴 i 的交点作为连杆坐标系 $\{i\}$ 的原点。

2）规定 Z_i 轴沿关节轴 i 的方向。

3）规定 X_i 轴沿公垂线的方向，如果关节轴 i 与 $i+1$ 相交，则规定 X_i 垂直于由关节轴 i 与 $i+1$ 所确定的平面。

4）按照右手定则确定 Y_i 轴。

改进连杆模型（MDH）如图 6-19 所示。

（4）SDH 与 MDH 比较

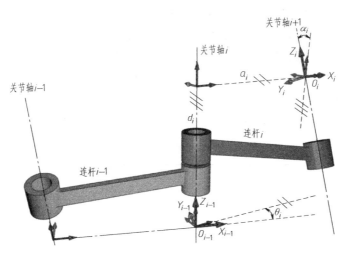

图 6-18　标准连杆模型

1）固连坐标系不同。对于 SDH，关节轴 i 上固连的是 $\{i-1\}$ 坐标系，即坐标系建立在连杆的输出端；对于 MDH，关节轴 i 上固连的是 $\{i\}$ 坐标系，即坐标系建立在连杆的输入端。

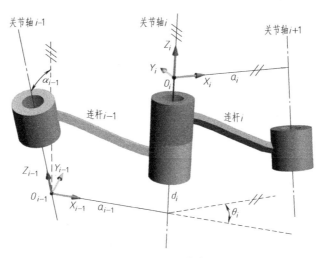

图 6-19　改进连杆模型

2）坐标系变换顺序不同。SDH 方法是 ZX 类变换，先绕着 $\{i-1\}$ 坐标系的 Z_{i-1} 轴旋转和平移，再绕着 $\{i\}$ 坐标系的 X_i 轴进行旋转和平移；MDH 方法是 XZ 类变换：先绕着 i 坐标系的 X_i 轴旋转和平移，再绕着坐标系 i 的 Z_i 轴进行旋转和平移。

2. MATLAB 中建模

做好准备工作后，打开 MATLAB 软件，根据上述机械臂各关节的 DH 参数，利用工具箱中的 Link 函数创建机械臂各连杆；然后利用 SerialLink 函数把独立的关节组合起来创建机器人对象。

Link 函数的调用格式为

$$L(i) = Link([theta, D, A, alpha, sigma], convention)$$

式中，参数与 DH 参数相对应，各参数含义：theta 表示关节角；D 表示横距；A 表示杆件长度；alpha 表示扭转角；sigma 表示关节类型（0 代表旋转关节，非 0 代表移动关节，默认值为 0）；convention 表示使用 DH 参数法创建机器人模型的类型（standard 表示采用标准 DH 参数法创建机器人模型，modified 表示采用改进 DH 参数法创建机器人模型，默认值为 standard，代码中使用默认值）。

选用的机器人 DH 参数见表 6-1。

表 6-1　DH 参数表

j	theta	D	A	alpha	offset
1	q1	0.162	0	1.5708	0
2	q2	0	0.235	0	0
3	q3	0	0.209	0	0
4	q4	0	0	1.5708	0
5	q5	0	0	3.14159	0
6	q6	0	0	0	0

通过以下程序便可构建机器人模型，编程中需要注释时可先写"%"，再接注释。

```
%       theta   d       a       alpha   offset
L1=Link([0      0.162   0       pi/2    0       ]);% 定义连杆的 DH 参数
L2=Link([pi/2   0       0.235   0       0       ]);
L3=Link([0      0       0.209   0       0       ]);
L4=Link([0      0       0       pi/2    0       ]);
L5=Link([pi     0       0       pi      0       ]);
L6=Link([0000 0         ]);
robot=SerialLink([L1 L2 L3 L4 L5 L6],'name',,'仿真');% 连接连杆,机器人取名仿真
robot.display();% display：显示 DH 矩阵
robot.plot([0 -pi/2 pi/2 0 0 0]);% 每个关节的初始角度
robot.teach();% 驱动机器人
T1=transl(0.25,0.22,0.45); % T1=transl(0.3,-0,0.2);% 根据给定起始点,
```
得到起始点位姿

`% 第一部分,机器人轨迹,各个关节位置,速度,加速度图像`

只要指定相应的 DH 参数，便可对任意机器人进行 MATLAB 建模。本节构建的机器人模型如图 6-20 所示。

机械臂的末端有个右手坐标系，其 X、Y、Z 轴分别以箭头指出。

6.4.3　轨迹规划

机器人的轨迹规划是指根据机器人手臂要完成的任务来设定末端机械手从一点到另一点时其余各关节的运动函数。目前的轨迹规划有基于空间关节和基于直角坐标两种方案。

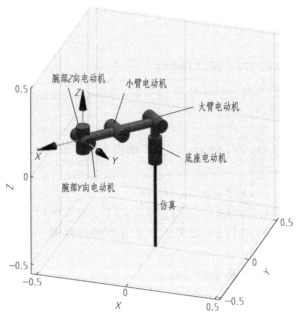

图 6-20　机器人模型图

1．进行逆运动学分析

逆运动学分析即根据给定的末端执行器位姿求关节坐标。

1）SerialLink.ikine6s（T，config）表示逆运动学封闭解。其中，config 取 l 或 r 表示左手或右手；u 或 d 表示肘部在上或在下；f 或 n 表示手腕翻转或不翻转逆。

2）SerialLink.ikine（T）表示逆运动学数值解，可能会有奇异位姿及非关节型的情况。

3）逆解和原始的角度可能不相同。因为，机器人工具箱中的逆运动学函数并不精确，同时机器人通常有多组逆解，而 ikine 函数只能求出一组。

2．轨迹规划

（1）关节空间函数 jtraj　已知初始和终止的关节角度，利用五次多项式来规划轨迹如下

$$[q,qd,qdd] = jtraj(q0,qf,m)$$

式中，q 是一个矩阵，矩阵中每行代表一个时间采样点上关节的转动角度；qd 和 qdd 分别是对应的关节速度和关节加速度矢量；jtraj 函数采用的是七次多项式插值，默认初始和终止角速度为 0。

（2）笛卡儿空间函数 ctraj　已知初始和终止的末端关节位姿，利用匀加速、匀减速运动来规划轨迹如下

$$Tc = ctraj(T0,T1,n)$$

3．关节空间求解

本小节介绍的是关节空间求解方案，即。

```
T1＝transl(0.25,0.22,0.45);% T1＝transl(0.3,-0,0.2);% 根据给定起始点，
```
得到起始点位姿
```
t1＝robot.ikine(T1);
T2＝transl(0.05,-0.22,0.15);% T2＝transl(0.2,-0.3,0.1);% 根据给定终止
```

点,得到终止点位姿

```
t2 = robot.ikine(T2);
time = (0:0.5:10);
[q,qd,qdd] = jtraj(t1,t2,time);
Tc = ctraj(T1,T2,50);
Tjtraj = transl(Tc);
Tj = transl(Tc);
plot3(Tj(:,1),Tj(:,2),Tj(:,3));% 输出末端轨迹
grid on;
subplot(3,4,[2,3,5,6,8,9,11,12]);
plot3(Tjtraj(:,1),Tjtraj(:,2),Tjtraj(:,3),'b');
axis([-1,1,-1,1,-1,1]);% 定义X、Y、Z 坐标轴的范围
grid on;% 生成网格
hold on; % 等待所有的图形全部生成
qq = robot.ikine(Tc);
robot.plot(qq);
figure('name','所要显示的位置,速度,加速度,轨迹图','position',[600,300,
300,300]);
subplot(2,2,1);i=1:6;plot(q(:,i));title('位置');ylabel('joint(rad)
');xlabel('Time(s)');
grid on;legend('joint1','joint2','joint3','joint4','joint5','joint6');
subplot(2,2,2);i=1:6;plot(qd(:,i));title('速度');ylabel('joint(rad)');
xlabel('Time(s)');
grid on;legend('joint1','joint2','joint3','joint4','joint5','joint6');
subplot(2,2,4);i=1:6;plot(qdd(:,i));title('加速度');ylabel('joint
(rad)');xlabel('Time(s)');
grid on;legend('joint1','joint2','joint3','joint4','joint5','joint6');
% 画出每个关节的位置,速度,加速度图像
hold on
t = robot.fkine(q);% 运动学正解
rpy = tr2rpy(t);   % t 中提取位置(X、Y、Z )
subplot(2,2,3);
plot2(rpy);
title('轨迹');
grid on;
```

通过 MATLAB 标准绘图函数可以清楚看出末端机械手的轨迹,以及某一关节的速度、加速度随时间变化的过程,如图 6-21 所示。

如图 6-21 所示,左侧为各自由度的滑动条,可以通过手动的方式驱动机器人模型的各个关节,以达到控制末端机械手的目的。

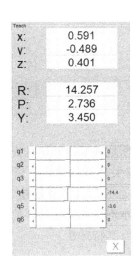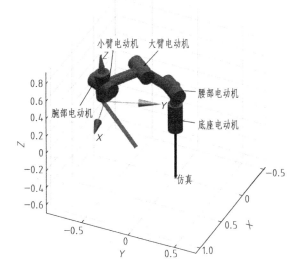

图 6-21　机器人轨迹控制图

利用 MATLAB 机器人工具箱完成轨迹规划，得到本教程所设计焊接机器人各关节的速度及加速度结果如图 6-22、图 6-23 所示。

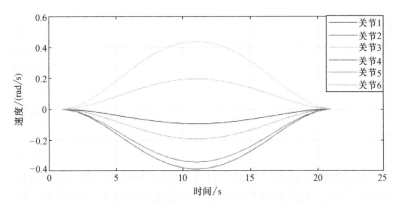

图 6-22　各关节速度图

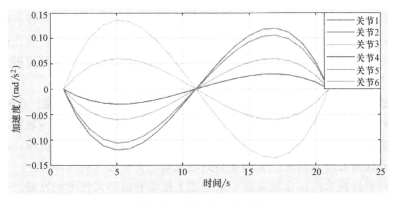

图 6-23　各关节加速度图

第7章

传感系统设计

在工作过程中，机器人要不断地了解自身的运动状态，不断地获取内部信息提供给控制系统，以保证机器人完成预定作业，机器人还要不断地获取有关环境的信息，依此做出判断、决策，从而使系统可以适应环境、积累经验。这两方面信息的获得都要依赖于传感器。机器人的传感器系统好比人的感觉器官，它赋予了机器人在基本不变或变化的环境中工作的能力。机器人传感器的工作原理与普通传感器基本相同，但又有其特殊性。

7.1 机器人传感器发展历程

按照功能的发展，机器人可以划分为三代：

第一代为示教再现型机器人。它不配备任何传感器，一般采用简单的开关控制、示教再现控制和可编程控制，机器人的作用路径或运动参数都需要示教或编程给定。在工作过程中，它无法通过感知环境的改变而改善自身的性能品质。例如，1962 年美国研制成功的 PUMA 通用示教再现型机器人，这种机器人通过一个计算机来控制一个多自由度的机械，通过示教存储程序和信息，工作时把信息读取出来，然后发出指令，这样机器人可以重复地根据当时示教的结果，再现出该动作。示教再现型机器人对于外界的环境没有感知，无法判断诸如操作力的大小、工件是否存在、焊接的好与坏等情况。

第二代为感觉型机器人。在 20 世纪 70 年代后期，人们开始研究第二代机器人，这种机器人配备了简单的内、外部传感器，能感知自身运行的速度、位置、姿态等物理量，以这些信息的反馈构成闭环控制，并且拥有与人的某种功能类似的感觉，如力觉、触觉、滑觉、视觉、听觉等，它能够通过感觉来感受和识别工件的形状、大小、颜色。机器人自身的工作状态、机器人探测到的外部工作环境和对象状态等，都需要借助传感器这一重要部件来实现。

第三代为智能型机器人。20 世纪 90 年代以来，人们发明的机器人带有多种传感器，可以进行复杂的逻辑推理、判断及决策，在变化的内部状态和外部环境中，自主决定自身的行为，具有自我学习、自我补偿、自我诊断能力，具备神经网络。对外界环境的强大感知能力是这一代机器人的重要标志。

可以将传感器的功能与人类的感觉器官相类比：光敏传感器→视觉；声敏传感器→听觉；气敏传感器→嗅觉；化学传感器→味觉；压敏、温敏、流体传感器→触觉。与常用的传感器相比，人类的感觉能力好得多，但也有一些传感器比人的感觉功能优越，例如，人类没有能力感知紫外线或红外线辐射，也感觉不到电磁场、无色无味的气体等。

近年来，传感器技术的迅猛发展在一定程度上推动着机器人技术的发展。传感器技术的革新和进步，势必会为机器人行业带来革新和进步。

7.2　机器人传感器发展趋势

未来机器人传感技术的研究，除不断改善传感器的精度、可靠性和降低成本等以外，随着机器人技术转向微型化、智能化，以及应用领域从工业结构环境扩展至深海、空间和其他人类难以进入的非结构环境，机器人传感技术的研究与微电子机械系统、虚拟现实技术有了更密切的联系。同时，对传感信息的高速处理、多传感器的融合和完善的静、动态标定测试技术也将会成为机器人传感器研究和发展的关键技术。

随着机器人技术的发展，适应未来机器人的感知系统及相关研究将成为主要研究方向，未来机器人传感器及相关研究包括以下几个方面：

（1）多智能传感器技术　工业系统向大型、复杂、动态和开放的方向转变，传统的工业系统和机器人技术遇到了严重的挑战，分布式人工智能（Distributed Artificial Intelligence，DAI）与多智能体系统（Multi-Agent-System，MAS）理论为解决这些挑战提供了一种最佳途径。将 DAI 和 MAS 应用于工业和机器人系统，其结果便是产生了一门新兴的机器人技术领域——多智能体机器人系统（Multi-Agent-Robot System，MARS）。在多智能体机器人系统中，最集中和关键的问题表现在其体系结构、相应的协调合作机制以及感知系统的规划和协商等。

（2）网络传感器技术　通信网络技术的发展使得现在已完全能够将各种机器人传感器连接到计算机网络上，并通过网络对机器人进行有效控制。这种技术包括网络遥操作控制技术、网络化传感器和传感器网络化技术、众多信息组的压缩与扩展方法及传输技术等。

（3）虚拟传感器技术　虚拟传感器是对真实物理传感器的抽象表示，通过虚拟传感器，可利用计算机软件仿真各种类型的机器人传感器，实现基于虚拟传感信息的控制操作。机器人虚拟传感器概念的提出及实际应用，有望缓解目前由于缺少某些种类的传感器信息，或由于操作环境极端恶劣，目前还没有条件提供在该环境下工作的传感器信息，而不能实现的机器人理想操作控制的矛盾。随着虚拟传感器研究的不断深入和功能的逐渐完善，未来的虚拟传感器可以取代或部分取代某些实际的物理传感器，使机器人感知系统的构成简化、功能增强、成本降低。

（4）临场感技术　临场感技术以人为中心，通过各种传感器将远地机器人与环境的交互信息（包括视力觉、触觉、听觉等）实时反馈到本地操作者处，生成与远地环境一致的虚拟环境，使操作者产生身临其境的感受，从而实现对机器人带感觉的控制。临场感的实现，不仅可以满足高技术领域发展的急切需要，如空间探索、海洋开发及原子能应用等，而且可以广泛地应用于军事领域和民用领域。

7.3　机器人对传感器的要求

7.3.1　基本性能要求

机器人对传感器基本性能的要求有以下几个方面：

（1）精度高、重复性好　机器人传感器的精度直接影响机器人的工作质量。用于检测和控制机器人运动的传感器是控制机器人定位精度的基础。机器人能否准确无误地正常工作，往往取决于传感器的测量精度。

（2）稳定性好、可靠性高　机器人传感器的稳定性和可靠性是保证机器人能够长期稳定、可靠地工作的必要条件。机器人经常是在无人照管的条件下代替人来操作，若它在工作中出现故障，则轻者将影响生产的正常进行，重者会造成严重事故。

（3）抗干扰能力强　机器人传感器的工作环境比较恶劣，它应当能够承受强电磁干扰、强振动，并能够在一定的高温、高压、高污染环境中保持正常工作。

（4）质量轻、体积小、安装方便可靠　对于安装在机器人操作臂等运动部件上的传感器，质量要轻，否则会加大运动部件的惯性，影响机器人的运动性能。对于工作空间受到某种限制的机器人，对体积和安装方便的要求也必不可少。

7.3.2　工作任务要求

现代工业中，机器人被用于执行各种加工任务。比较常见的加工任务有物料搬运、装配、喷漆、焊接、检验等。不同的加工任务对机器人提出了不同的感觉要求。

多数搬运机器人目前尚不具有感觉能力，它们只能在指定的位置上拾取确定的零件。在机器人拾取零件以前，除了需要给机器人定位以外，还需要采用某种辅助设备或工艺措施，将被拾取的零件准确定位和定向，这就使得加工工序或设备更加复杂。如果搬运机器人具有视觉、触觉和力觉等感觉能力，就会改善这种状况。视觉传感系统用于被拾取零件的粗定位，使机器人能够根据需要，寻找应该拾取的零件，并确定该零件的大致位置；触觉传感系统用于感知被拾取零件的存在，确定该零件的准确位置，以及确定该零件的方向，有助于机器人更加可靠地拾取零件；力觉传感系统主要用于控制搬运机器人的夹持力，防止机器人手爪损坏被抓取的零件。

装配机器人对传感器的要求类似于搬运机器人，也需要视觉、触觉和力觉等感觉能力。通常，装配机器人对工作位置的要求更高。现在，越来越多的机器人正进入装配工作领域，主要任务是销、轴、螺钉和螺栓等的装配工作。为了使被装配的零件获得对应的装配位置，采用视觉传感系统选择合适的装配零件，并对它们进行粗定位。机器人触觉系统能够自动校正装配位置。

喷漆机器人一般需要采用两种类型的传感系统：一种主要用于位置（或速度）的检测；另一种用于工作对象的识别。用于位置检测的传感系统，包括光电开关、测速码盘、超声波测距传感器、气动式安全保护器等。待漆工件进入喷漆机器人的工作范围时，光电开关立即接通，通知正常的喷漆工作要求。超声波测距传感器一方面可以用于检测待漆工件的到来，另一方面也可以用于监视机器人及其周围设备的相对位置变化，以避免设备之间相互碰撞及机器人末端执行器与周围物体发生碰撞，气动式安全保护器会自动切断机器人的动力源，以减少不必要的损失。现代生产经常采用多品种混合加工的柔性生产方式，喷漆机器人系统必须同时对不同种类的工件进行喷漆加工，故要求喷漆机器人具备零件识别功能。为此，当待漆工件进入喷漆作业区时，机器人需要识别该工件的类型，然后从存储器中取出相应的加工程序进行喷漆。用于这项任务的传感器，包括阵列式触觉传感系统和机器人视觉传感系统。由于制造水平的限制，阵列式触觉传感系统只能识别那些形状比较简单的工件，对于较复杂工件的识别则需要采用视觉传感系统。

　　焊接机器人包括定位焊机器人和弧焊机器人两类。这两类机器人都需要用位置传感器和速度传感器进行控制。位置传感器主要采用光电式码盘，也可以采用较精密的电位器。根据目前的制造水平，光电式码盘具有较高的检测精度和可靠性，但价格昂贵。速度传感器目前主要采用测速发电机，其中交流测速发电机的线性度比较高，且正向与反向输出特性比较对称，比直流测速发电机更适用于弧焊机器人。为了检测定位焊机器人与待焊工件的接近情况，控制定位焊机器人的运动速度，定位焊机器人还需要装备接近度传感器。弧焊机器人对传感器有一个特殊要求，即需要采用传感器使焊枪沿焊缝自动定位，并且自动跟踪焊缝，目前完成这一功能的常见传感器有触觉传感器、位置传感器和视觉传感器。

7.4　常用传感器的特性

　　在选择合适的传感器以适应特定的需要时，必须考虑传感器在多方面的不同特点。这些特点决定了传感器的性能、经济性、便捷性，以及应用范围等。在某些情况下，为实现同样的目标，可以选择不同类型的传感器时，在选择传感器前应该考虑以下一些因素：

　　（1）成本　传感器的成本是需要考虑的重要因素，尤其在一台机器需要使用多个传感器时更是如此。然而成本必须与其他设计要求相平衡，例如可靠性、传感器数据的重要性、精度和寿命等。

　　（2）尺寸　根据传感器的应用场合，尺寸大小有时可能是最重要的。例如，关节位移传感器必须与关节的设计相适应，并能与机器人中的其他部件一起移动，但关节周围可利用的空间可能会受到限制。另外，体积庞大的传感器可能会限制关节的运动范围。因此，确保给关节传感器留下足够大的空间非常重要。

　　（3）质量　因为机器人是运动装置，所以传感器的质量很重要，传感器过重会增加操作臂的惯量，同时还会减少总的有效载荷。

　　（4）输出的类型　根据不同的应用，传感器的输出可以是数字量也可以是模拟量，它们可以直接使用，也可能必须对其进行转换后才能使用。例如，电位器的输出是模拟量，而编码器的输出则是数字量。如果编码器连同微处理器一起使用，其输出可直接传输至处理器的输入端，而电位器的输出则必须利用模数转换器（ADC）转变成数字量。哪种输出类型比较合适必须结合其他要求进行折中考虑。

　　（5）接口　传感器必须能与其他设备相连接，如微处理器和控制器。若传感器与其他设备的接口不匹配或两者之间需要其他的额外电路，那么需要解决传感器与设备间的接口问题。

　　（6）分辨率　分辨率是传感器在测量范围内所能分辨的最小值。在绕线式电位器中，它等同于一圈的电阻值。在一个 n 位的数字设备中，分辨率 = 满量程 $/2^n$。例如，四位绝对式编码器在测量位置时，最多能有 $2^4 = 16$ 个不同等级。因此，分辨率是 $360°/16 = 22.5°$。

　　（7）灵敏度　灵敏度是指输出响应变化与输入变化的比。高灵敏度传感器的输出会由于输入波动（包括噪声）而产生较大的波动。

　　（8）线性度　线性度反映了输入变量与输出变量之间的关系。这意味着具有线性输出的传感器在其量程范围内，任意相同的输入变化将会产生相同的输出变化。几乎所有器件在本质上都具有一些非线性，只是非线性的程度不同。在一定的工作范围内，有些器件可以认为是线性的，而其他一些器件可通过一定的前提条件来线性化。如果输出不是线性的，但已知非线性度，则可以通过对其适当地建模、添加测量方程或额外的电子线路来克服非线性度。例如，如果位移传感器的输出按角度的正弦变化，那么在应用这类传感器时，设计者可按角度的正弦对输出进行刻度划分，这可以通过应用程序根据角度的正弦对信号进行分度的简单电路来实现。这样，从输出来看，传感器好像是线性的。

（9）量程　量程是传感器能够产生的最大输出与最小输出之间的差值，或传感器正常工作时最大输入与最小输入之间的差值。

（10）响应时间　响应时间是指传感器的输出达到总变化的某个百分比时所需要的时间，它通常用占总变化的百分比来表示，如95%。响应时间也可定义为当输入变化时，观察输出发生变化所用的时间。例如，简易水银温度计的响应时间长，而根据辐射热测温的数字温度计的响应时间短。

（11）频率响应　假如给一台性能很好的收音机连接低质的扬声器，虽然扬声器能够复原声音，但是音质会很差，然而同时带有低音及高音的高品质扬声器系统在复原同样的信号时，会具有很好的音质。这是因为两喇叭扬声器系统的频率响应与低质的扬声器大不相同。因为小扬声器的自然频率较高，所以它仅能复原较高频率的声音。而至少含有两个喇叭的扬声器系统可在高、低音两个喇叭中对声音信号进行还原，这两个喇叭一个自然频率高，另一个自然频率低，两个频率响应融合在一起使扬声器系统复原出非常好的声音信号（实际上，信号在接入扬声器前均经过了过滤）。只要施加很小的激励，所有的系统就都能在其自然频率附近产生共振。随着激振频率的降低或升高，响应会减弱。频率响应带宽指定了一个范围，在此范围内系统响应输入的性能相对较好。频率响应的带宽越大，系统响应不同输入的能力也越强。考虑传感器的频率响应和确定传感器是否在所有运行条件下均具有足够快的响应速度，是非常重要的。

（12）可靠性　可靠性是指系统正常运行次数与总运行次数之比。对于要求连续工作的情况，在考虑费用及其他要求的同时，必须选择可靠性好且能长期持续工作的传感器。

（13）精度　精度定义为传感器的输出值与期望值的接近程度。对于给定输入，传感器有一个期望输出，而精度则与传感器的输出和该期望值的接近程度有关。

（14）重复精度　对同样的输入，如果对传感器的输出进行多次测量，那么每次输出都可能不一样。重复精度反映了传感器多次输出之间的变化程度。通常，如果进行足够次数的测量，那么就可以确定一个范围，它能包括所有在标称值周围的测量结果，那么这个范围就定义为重复精度。通常重复精度比精度更重要。在多数情况下，不准确度是由系统误差导致的，因为它们可以预测和测量，所以可以进行修正和补偿；重复性误差通常是随机的，不容易补偿。

7.5　机器人传感器的分类

根据输入信息源位于机器人的内部还是外部，传感器可分为两大类。一类是用于感知机器人内部状况或状态的内部传感器。虽然与作业任务没有直接关系，但它是机器人控制中不可缺少的部分。在机器人组装的过程中，通常将内部传感器作为机器人本体的一部分进行组装。机器人内部传感器的功能见表7-1。另一类是用于感知外部环境状况或状态的外部传感器，它是机器人适应外部环境所必需的传感器。通常根据机器人作业内容的不同，将其安装在机器人的某些特定部位，如头部、足部、腕部等。机器人外部传感器的功能见表 7-2。

表 7-1 机器人内部传感器的功能

检测内容	典型检测器件	应用
位移	电阻式电位器	
倾角	垂直振子式倾角传感器	
方位	磁罗盘	
角度	编码器	运动及姿态控制
角速度	陀螺仪、内置微分电路的编码器	
加速度	应变式加速度计	

表 7-2 机器人外部传感器的功能

检测内容	典型检测器件	应用
接触	限制开关	动作顺序控制
把握力	应变计、半导体感压元件	把握力控制
荷重	弹簧变位测量器	张力控制、指压控制
分布压力	导电橡胶、感压高分子材料	姿态、形状判别
多元力	应变计、半导体感压元件	装配力控制
力矩	压阻元件、马达电流计	协调控制
滑动	光学旋转检测器、光纤	滑动判定、力控制
接近	光电开关、LED、红外、激光	动作顺序控制
间隔	光电晶体管、光电二极管	障碍物躲避
形状	线图像传感器	物体识别、判别
缺陷	面图像传感器	检查、异常检测
声音	麦克风	语言控制(人机接口)
超声波	超声波传感器	导航
气体成分	气体传感器、射线传感器	化学成分探测
味道	离子敏感器、pH 计	化学成分探测

7.6 常用内传感器

7.6.1 电位器

1. 电位器的工作原理

电位器是具有三个引出端，电阻值可以按某种变化规律调节的电阻元件，通常由电阻体和可移动的电刷组成。当电刷沿电阻体移动时，在输出端即可获得与位移量成一定关系的电阻值或电压值。电位器可以作为直线位移和角位移的检测元件，其结构形式如图 7-1 所示。

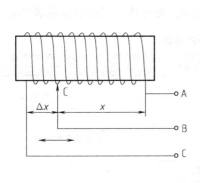

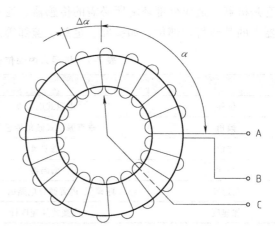

a) 直线位移型　　　　　　　　　　　　　　　　b) 角位移型

图 7-1　电位器传感器结构形式

2. 电位器的选型

为了保证电位器的线性输出，应保证等效负载电阻远远大于电位器总电阻。电位器式传感器结构简单、性能稳定、使用方便，但分辨率不高，且当电刷和电阻之间接触面磨损或有尘埃附着时会产生噪声。

依据电子行业标准《电子设备用电位器型号命名方法》（SJ/T 10503—1994），电位器的型号标注方法如图 7-2 所示。

图 7-2　电位器型号标注方法

电位器代号用"W"表示。电阻体材料代号见表 7-3。类别代号见表 7-4。

表 7-3　电阻体材料代号

代号	H	S	N	I	X	J	Y	D	F
材料	合成碳膜	有机实芯	无机实芯	玻璃釉膜	线绕	金属膜	氧化膜	导电塑料	复合膜

表 7-4　类别代号

代号	类别	代号	类别
G	高压类	D	多圈旋转精密类
H	组合类	M	直滑式精密类
B	片式类	X	旋转低功率类
W	螺杆驱动预调类	Z	直滑式低功率类
Y	旋转预调类	P	旋转功率类
J	单圈旋转精密类	T	特殊类

例如，电位器型号为 WIW101，表示玻璃釉螺杆驱动预调电位器。

7.6.2　编码器

机器人系统中应用的位置传感器一般为编码器。编码器是将某种物理量转换为数字格式的装置。机器人运动控制系统中编码器的作用是将位置和角度等参数转换为数字量。可采用电接触、磁效应、电容效应和光电转换等机理，形成各种类型的编码器，最常见的编码器是光电编码器。

1. 光电编码器的工作原理

光电编码器的码盘被划分为若干区域，每个区域可能透光或不透光，也可能反光或不反光。用发光二极管作为光源，光敏传感器与之相对应进行光信号检测。当码盘采用透光方式进行检测，光源和光敏传感器被安装在码盘或码尺的两侧；当码盘采用反射光方式进行检测，光源和光敏传感器被安装在码盘或码尺的同侧。图 7-3 所示为透射式旋转光电编码器及其光电转换电路。

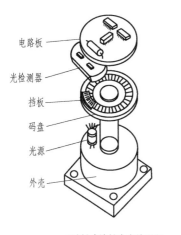
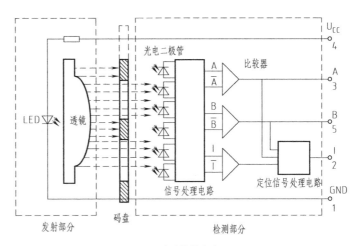

a) 透射式旋转光电编码器　　　　　　　　　　　　b) 光电转换电路

图 7-3　透射式旋转光电编码器及其光电转换电路

工作时，码盘随着被测轴转动，透过码盘的光束从而产生间断，通过光电器件的接收和电子线路的处理，产生特定电信号的输出，再经过数字处理可计算出位置和速度信息。光电编码器根据检测角度位置的方式可分为绝对型光电编码器和增量型光电编码器两种。

（1）绝对型光电编码器　绝对型光电编码器有绝对位置的记忆装置，能测量旋转轴或移动轴的绝对位置，因此在机器人系统中得到了大量应用。对于直线移动或旋转轴，当编码器的安装位置确定后，绝对的参考零位的位置就确定了。一般情况下，绝对型光电编码器的绝对零位依靠不间断的供电电源来记忆，目前一般使用高效的锂离子电池进行供电。

绝对型光电编码器的码盘由多个同心的码道组成，这些码道沿径向顺序具有各自不同的二进制权值。每个码道上按照其权值划分为遮光和透射段，分别代表二进制的 0 和 1。与码道个数相同的光电器件分别与各自对应的码道对准并沿码盘的半径直线排列。通过这些光电器件的检测可以产生绝对位置的二进制编码。绝对型编码器对于转轴的每个位置均产生唯一的二进制编码，因此可用于确定绝对位置。绝对位置的分辨率取决于二进制编码的位数，即码道的个数。例如，一个 10 码道的编码器可以产生 1024 个位置，角度的分辨率为 21′6″，目前绝对型光电编码器已可以做到具有 17 个码道，即 17 位绝对型光电编码器。

下面以 4 位绝对码盘来说明旋转式绝对型光电编码器的工作原理，如图 7-4 所示。如图 7-4a 所示的码盘采用标准二进制编码，其优点是可以直接用于进行绝对位置的换算。但是这种码盘在实际中很少采用，因为它在两个位置的边缘交替或来回摆动时，由于码盘制作或光电器件排列的误差会产生编码数据的大幅度跳动，导致位置的显示和控制失常。而格雷码的特点是相邻两个数据之间只有一位数据变化，因此在测量过程中不会产生数据的大幅度跳动，即不会出现所谓的不确定或模糊现象。两种编码方式的对比见表 7-5。因此绝对型光电编码器一般采用如图 7-4b 所示的格雷码码盘。

表 7-5 二进制码和格雷码对比

编码		弧圈编号											
		0	1	2	3	4	5	6	7	8	9	10	11
二进制码	1	0	0	0	0	0	0	0	0→	1	1	1	1
	2	0	0	0	0→	1	1	1	1→	0	0	0	0
	3	0	0→	1	1→	0	0→	1	1→	0	0→	1	1
	4	0→	1→	0→	1→	0→	1→	0→	1→	0→	1→	0→	1
格雷码	1	0	0	0	0	0	0	0	0→	1	1	1	1
	2	0	0	0	0→	1	1	1	1	1	1	1	1
	3	0	0→	1	1	1	1→	0	0	0	0→	1	1
	4	0→	1	1→	0	0→	1	1→	0	0→	1	1→	0

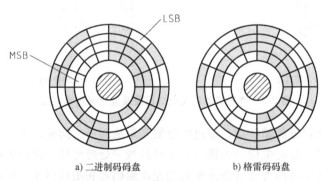

a) 二进制码码盘   b) 格雷码码盘

图 7-4 绝对型光电编码器的码盘

绝对型光电编码器的优点是即使静止或关闭后再打开，依然可得到位置信息；但其缺点是结构复杂、造价较高，此外其信号引出线随着分辨率的提高而增多。例如，18 位的绝对型光电编码器的输出至少需要 19 根信号线。但是随着集成电路技术的发展，已经有可能将检测机构与信号处理电路、解码电路乃至通信接口组合在一起，形成数字化、智能化或网络化的位置传感器。例如，已有集成化的绝对型光电编码器产品将检测机构与数字处理电路集成在一起，其输出信号线数量减少到只有数根，可以是分辨率为 12 位的模拟信号，也可以是串行数据。

（2）增量型光电编码器　增量型光电编码器在一般机电系统中的应用非常广泛。对于一般的伺服电动机，为了实现闭环控制，与电动机同轴安装有光电编码器，可实现电动机的精确运动控制。增量型光电编码器能记录旋转轴或移动轴的相对位置变化量，但不能给出运动轴的绝对位置，因此这种光电编码器通常用于定位精度不高的机器人，如喷涂、搬运、码垛机器人等。

增量型光电编码器的码盘如图 7-5 所示。在现代高分辨率码盘上，透射和遮光段都是很细的窄缝和线条，因此也被称为圆光栅。相邻的窄缝之间的夹角称为栅距角，透射窄缝和遮光段大约各占栅距角的 1/2。码盘的分辨率以每转计数表示，即码盘旋转一周在光电检测部分可产生的脉冲数。在码盘上往往还另外安排一个（或一组）特殊的窄缝，用于产生定位（Index）或零位（Zero）信号。测量装置或运动控制系统可以利用这个信号产生回零或复位操作。

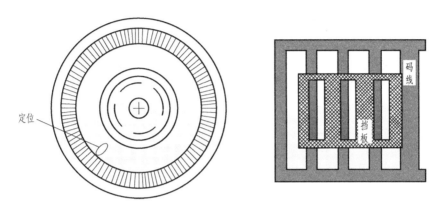

图 7-5 增量型光电编码器的码盘和挡板

如果不增加光学聚焦放大装置，让光电器件直接面对这些光栅，那么由于光电器件的几何尺寸远远大于这些栅线，即使码盘动作光电器件的受光面积上得到的也总是透光段与遮光段的平均亮度，导致通过光电转换得到的电信号不会有明显的变化，而不能得到正确的脉冲波形。为了解决此问题，在光路中增加一个固定的与光电器件的感光面几何尺寸相近的挡板，挡板上安排若干条几何尺寸与码盘主光栅相同的窄缝。当码盘运动时，主光栅与挡板光栅的覆盖就会变化，导致光电器件上的受光量产生明显的变化，从而通过光电转换检测出位置的变化。

2. 光电编码器的选型

光电编码器的品种很多，其形状和规格各异。现以长春光机数显技术有限责任公司生产的增量型光电编码器和长春博辰光电技术有限公司生产的绝对型光电编码器为例，说明其标注方式及相关的技术参数。

（1）增量型光电编码器的型号及技术参数

型号标注方式如图 7-6 所示。

例如：型号为 ZLF-1024Z-05VO-15-CT，表示该编码器每转输出 1024 个脉冲，有零位脉冲，电源电压 5V，电压输出，轴径 15mm，插座侧出。

信号输出方式有以下几种：

1）VO 电压输出，表示输出端直接输出高低脉冲电压，应用最为简单。

2）OC 集电极开路输出，表示 PLC 集电极开路器件为灌电流输出，在关断状态时，输

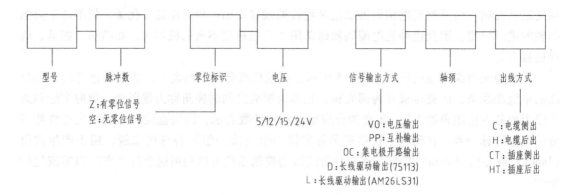

图 7-6　增量型光电编码器型号标注方式

出悬空，在导通状态时，输出连到公共端。因此，集电极开路输出需要一个源电流输入接口，一般为 24V。此方式常用于 PLC 中，端子连接如图 7-7 所示。

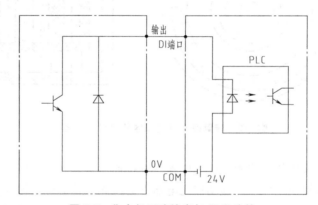

图 7-7　集电极开路输出与 PLC 连接

3）PP 互补输出。

4）长线驱动输出。把一路信号转换成两路分信号，接收端读取差分信号的差值，再将其还原。一旦有扰，两路差分信号同时升降，由于接收端读取的是差值，所以抗干扰能力较强。

各种信号输出方式的电路图如图 7-8 所示。

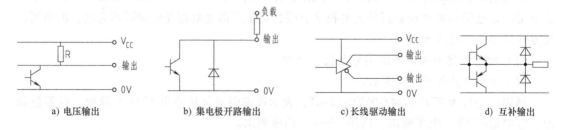

a) 电压输出　　b) 集电极开路输出　　c) 长线驱动输出　　d) 互补输出

图 7-8　增量型编码器信号输出方式

部分增量型光电编码器的基本技术参数见表 7-6。

表 7-6　部分增量型光电编码器的基本技术参数

类型	型号	轴径/mm	脉冲数	电压及输出方式	出线方式	允许的最高机械转速/(r/min)	起动转矩/(N·m)	使用温度/℃
经济型	ZLE	ϕ3.125		05VO 05VC 05D	C、H、CT、HT	5000	3×10^{-3}	
		ϕ5			—			
		ϕ6						
		ϕ7.5						
坚固型	ZLF	ϕ15		05L			5×10^{-2}	
通用型	ZLG	ϕ10	90~5400 P/R	12VO 12OC 12PP			3×10^{-2}	0~55
		ϕ8		15VO				
		ϕ6						
轴头开口型	ZLM-F	—		15OC 24VO 24OC		6000	3×10^{-3}	
特殊型	ZL100	ϕ12					5×10^{-2}	
	ZL57	ϕ8					5×10^{-2}	
	ZLT	ϕ8					3×10^{-2}	

增量型旋转光电编码器电信号输出参数见表 7-7。

表 7-7　增量型旋转光电编码器电信号输出参数

输出方式	表达方式	电源电压/V	消耗电流/mA	输出电压/V		上升下降时间/μs	最高响应频率/kHz
				V_{OH}	V_{OL}		
电压输出	05VO	5±0.25	≤120	≥4.0	≤0.4	≤1	
	12VO	12±1.2	≤120	≥9.6	≤0.5	≤1	
	15VO	15±1.5	≤120	≥12	≤0.5	≤1	
	24VO	24±2.4	≤150	≥21	≤0.5	≤2	
集电极开路输出	05OC	5±0.25	≤120	—	—	≤1	
	12OC	12±1.2	≤120	—	—	≤1	350
	15OC	15±1.5	≤120	—	—	≤1	
	B24OC	24±2.4	≤150	—	—	≤2	
长线驱动输出	05D	5±0.25	≤120	≥2.5	≤0.5	≤0.2	
	05L	5±0.25	≤120	≥2.5	≤0.5	≤0.2	
互补输出	12PP	12±1.2	≤150	≥9.6	≤1.0	≤1	
	15PP	15±1.5	≤150	≥12	≤1.0	≤1	

（2）绝对型光电编码器的型号及技术参数

型号标注方式如图 7-9 所示。

例如：型号为 J85-G-1024-12VO-8-C，表示该编码器外径是 ϕ85mm，格雷码，输出电源

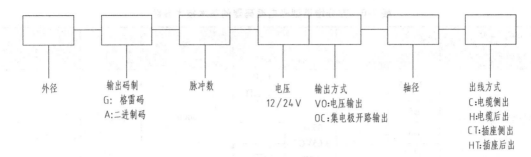

图 7-9　绝对型光电编码器的型号标注

电压 12V，电压输出，轴径是 ϕ8mm、电缆侧出。其相关技术参数见表 7-8。

表 7-8　技术参数

主型号	J85		
输出方式	电压输出		集电极开路输出
输出码制	二进制（自然二进制码）		格雷码（循环二进制码）
分辨率	256（8 位）	512（9 位）	1024（10 位）
消耗电流	250mA		
响应频率	5kHz		
环境温度	0~55℃		

7.6.3　测速发电机

速度传感器是机器人内部传感器之一，是闭环控制系统中不可缺少的重要组成部分，可用于测量机器人关节的运动速度。可以进行速度测量的传感器很多，例如，进行位置测量的传感器大多可同时获得速度的信息。但应用最广泛的是测速发电机，测速发电机能直接得到代表转速的电压且具有良好的实时性。

1. 测速发电机工作原理

测速发电机是一种模拟式速度测量传感器，可以将机械转速变换成电压信号进行转速检测。其输出是与角速度成正比的模拟电压信号，通过检测模块电压信号就可以计算出转速。

按输出信号的形式，测速发电机可分为交流测速发电机和直流测速发电机两大类。交流测速发电机又有同步测速发电机和异步测速发电机之分。

交流同步测速发电机的输出电压与转速成正比，但是其输出电压的频率会随转速的变化而变化，所以不能作为转速测量传感器使用，只能作为指示元件使用。

交流异步测速发电机根据转子结构形式的不同可分为空心杯转子式和鼠笼转子式。鼠笼转子式测速发电机虽然其输出斜率大，但是特性误差大、转子惯量大，一般只用在精度要求不高的系统中；空心杯转子式测速发电机由于其杯形转子在转动过程中，内、外定子间隙不发生变化，磁阻不变，因而气隙中磁通密度分布不受转子转动的影响，输出电压波形比较好，精度较高。

直流测速发电机分为电磁式和永磁式两种。电磁式直流测速发电机的定子磁场由励磁绕组通过直流电后产生；永磁式直流测速发电机的励磁磁场由永久磁钢产生，由于没有励磁绕组，所以可省去励磁电源，具有结构简单、使用方便等特点，应用广泛。

对于直流测速发电机，当励磁磁通恒定时，其输出电压和转子转速成正比，即

$$U = kn \tag{7-1}$$

式中，U 为测速发电机输出电压（V）；n 为测速发电机转速（r/min）；k 为比例系数。

当有负载时，电枢绕组流过电流，由于电枢反应而使输出电压降低。若负载较大，或者测量过程中负载变化，则破坏了线性特性而产生误差。为减少误差，必须使负载尽可能地小而且性质不变。测速发电机总是与驱动电动机同轴连接，这样就测出了驱动电动机的瞬时速度。测速发电机在机器人控制系统中的应用如图 7-10 所示。

图 7-10　测速发电机在机器人控制系统中的应用

2. 测速发电机的选型

以电磁式直流测速发电机 ZCF 系列为例进行说明。

（1）型号命名　根据机械行业标准《ZCF系列直流测速发电机技术条件》（JB/T 2661—2015），电磁式直流测速发电机的型号由产品名称代号、机座号、铁心长度代号、性能参数代号和派生代号等部分组成，如图 7-11 所示。

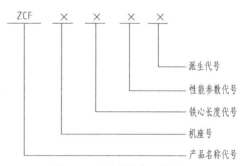

图 7-11　测速发电机的型号

1）产品名称代号用大写汉语拼音字母表示，ZCF 表示电磁式直流测速发电机。

2）机座号及相应的机座外径规定见表 7-9。

表 7-9　机座号及机座外径　　　　　　　　　　（单位：mm）

机座号	ZCF1XX	ZCF2XX	ZCF3XX
机座外径	50	70	85

3）铁心长度代号由阿拉伯数字 2 及 6 表示，其中 2 表示短铁心，6 表示长铁心。

4）性能参数代号用阿拉伯数字 1，2，3，…表示。

5）派生代号包括结构派生和性能派生，代号用大写汉语拼音字母 A，B，C，…表示，I、O 除外。

例如：型号为 ZCF121A，表示该测速发电机外圆直径为 50mm，短铁心电磁式直流测速发电机，第一性能参数序号，第一个派生产品。

（2）额定数据　额定数据见表 7-10。

表 7-10　额定数据

型号	励磁电流/A	输出电压/V	负载电阻/Ω	额定转速/(r/min)	输出电压不对称度(%)
ZCF121	0.09	50	2000	3000	1
ZCF121A	0.09	50	2000	3000	1
ZCF221	0.3	51	2000	2400	1
ZCF221A	0.3	51	2000	2400	1
ZCF221AD	0.3	16	2000	2400	1
ZCF221C	0.3	51	2000	2400	1
ZCF222	0.06	74	2500	3500	2
ZCF321	0.16	100	1000	1500	3
ZCF361	0.3	106	10000	1100	1
ZCF361C	0.3	174	9000	1100	1
ZCF361D	0.3	24	300	1100	1
ZCF361T	0.3	106	10000	1100	1

注1. 额定数据在冷态时检查。

　2. 输出电压允差为±5%。

（3）静摩擦力矩　测速发电机的静摩擦力矩应符合表 7-11 的要求。

表 7-11　静摩擦力矩　　　　　　　　　　　　　　（单位：N·m）

机座号	ZCF1XX	ZCF2XX	ZCF3XX
静摩擦力矩	≤0.006	≤0.008	≤0.013

7.6.4　加速度传感器

随着机器人向着高速化、高精度化不断发展，由机械运动部分刚性不足所引起的振动问题开始得到关注。作为抑制振动问题的对策，有时在机器人的各杆件上安装加速度传感器，测量振动加速度，并把它反馈到杆件底部的驱动器上，有时把加速度传感器安装在机器人末端执行器上，将测得的加速度进行数值积分，加到反馈环节中，以改善机器人的性能。从测量振动的目的出发，加速度传感器日趋受到重视。

机器人的动作是三维的，而且活动范围很广，因此可在连杆等部位直接安装接触式振动传感器。虽然机器人的振动频率仅为数十赫兹，但因为共振特性容易改变，所以要求传感器具有低频高灵敏度的特性。

1. 加速度传感器工作原理

（1）应变片加速度传感器　Ni-Cu 或 Ni-Cr 等金属电阻应变片加速度传感器是一个由板簧支承重锤所构成的振动系统，板簧上、下两面分别贴两个应变片（图 7-12）。应变片受振动产生应变，其电阻值的变化通过电桥电路的输出电压被检测出来。除了金属电阻外，Si 或 Ge 半导体压阻元件也可用于加速度传感器。

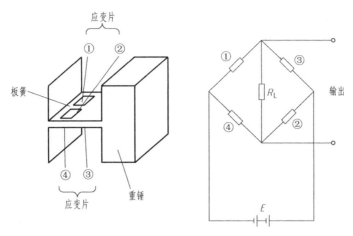

图 7-12　应变片加速度传感器

（2）伺服加速度传感器　伺服加速度传感器检测出与上述振动系统重锤位移成比例的电流，把电流反馈到恒定磁场中的线圈，使重锤返回到原来的零位移状态。由于重锤没有几何位移，因此这种传感器与前一种相比，更适用于较大加速度的系统。首先产生与加速度成比例的惯性力 F，它和电流 I 产生的复原力保持平衡。根据弗莱明左手定则，F 和 I 成正比（比例系数为 K），关系式为 $F = ma = KI$。因此，根据检测的电流 I 可以求出加速度。

（3）压电加速度传感器　压电加速度传感器利用具有压电效应的物质，将产生加速度的力转换为电压。这种具有压电效应的物质，受到外力发生形变时，能产生电压；反之，外加电压时，也能产生形变。压电元件大多由具有高介电系数的锆钛酸铅陶瓷制成。设压电常数为 d，则加在元件上的应力 F 和产生电荷 Q 的关系式为 $Q = dF$。设压电元件的电容为 C，输出电压为 U，则 $U = Q/C = dF/C$，其中 U 和 F 在很大动态范围内保持线性关系。

2. 加速度传感器选型

加速度传感器的品种很多，其形状和规格各异，通常需要通过产品选型表进行选择。以青岛智腾微电子有限公司的 SiA200 系列产品为例，其数据见表 7-12。假设机器人某关节工作过程中加速度变化范围为 ±3g，非线性误差要求低于 0.5%，工作温度范围 −20～70℃，功耗 <20mW，尺寸 <20mm×20mm。则表中所列的 SiA205、SiA210、SiA215、SiA220、SiA230、SiA250 均满足技术参数要求。在上述几种型号的加速度传感器中，SiA205 偏值最小，偏值稳定性、重复性最好，可以保证良好的测量精度。

表 7-12　SiA200 系列产品性能参数

参数	型号						
	SiA202	SiA205	SiA210	SiA215	SiA220	SiA230	SiA250
量程/g	±2	±5	±10	±15	±20	±30	±50
偏值/mg	0.14	0.35	0.7	1.05	1.4	2.1	3.5
偏值重复性/mg	0.24	0.6	1.2	1.8	2.4	3.6	6
偏值稳定性/μg	3	7.5	15	22.5	30	45	75
标度因数/(mV/g)	1350	540	270	180	135	90	54
标度因数重复性/ppm	400						

（续）

参数	型号						
	SiA202	SiA205	SiA210	SiA215	SiA220	SiA230	SiA250
标度因数稳定性/ppm	120						
失准角/mrad	10						
阈值(1Hz)/μg(rms)	7	17	34	51	68	102	170
非线性(IEEE)(%)	0.3						
工作温度/℃	−40～125						
功耗/mW	10						
尺寸/mm²	9×9						

7.7 常用外传感器

7.7.1 超声波传感器

频率超过 20000Hz，人耳不能听到的声波，称为超声波。声波的频率越高，波长越短，则绕射现象越小，最明显的特征是方向性好，能够成为射线而定向传播，超声波的这些特性使之能够应用于距离的测量。目前超声波传感器在机器人技术中主要应用于导航和避障，其他应用还有焊缝跟踪、物体识别等。

1. 超声波传感器工作原理

超声波传感器的工作基于测量渡越时间，即测量从发射换能器发出的超声波，经目标反射后沿原路返回至接收换能器所需的时间。由渡越时间和介质中的声速即可求得目标与传感器的距离。

渡越时间的测量有多种方法，包括脉冲回波法、调频法、相位法、频差法等，它们均有各自的特点。对于接收信号，也有各种检测方法，用于提高测距精度，常用的有自动增益控制、高速采样、波形存储、鉴相、鉴频等。

超声波传感器由超声波发生器和接收器组成，超声波发生器有压电式、电磁式及磁滞伸缩式等，在检测技术中最常用的是压电式。压电式超声波传感器利用了压电材料的压电效应，如石英、电气石等。逆压电效应将高频电振动转换为高频机械振动，以产生超声波，可作为"发射"探头；利用正压电效应则将接收的超声振动转换为电信号，可作为"接收"探头。由于用途不同，压电式超声传感器有多种结构形式，图 7-13 所示为其中一种，即所谓双探头结构（一个探头发射，另一个探头接收）。将带有晶片座的压电晶片装入金属壳体内，压电晶片两面镀有银层作为电极板，底面接地，上面接有引出线阻尼块（或称为吸收

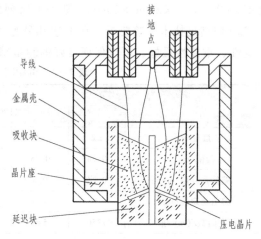

图 7-13 超声双探头结构

块），其作用是降低压电片的机械品质因素，吸收声能量，防止电脉冲振荡停止时，压电片因惯性作用而继续振动。当阻尼块的声阻抗等于压电片声阻抗时，效果最好。

图 7-14 所示为脉冲回波式超声波传感器工作原理。脉冲回波式超声波传感器工作过程中，先将超声波用脉冲调制后发射，根据经被测物体反射回来的回波延迟时间 Δt，可以计算出被测物体的距离 L。设空气中的声速为 v，如果空气温度为 T 单位为（℃），则声速为 $v = 331.5 + 0.607T$，被测物体与传感器间的距离为

$$L = v\Delta t/2 \qquad (7\text{-}2)$$

图 7-15 所示为 FM-CW 式测距原理。FM-CW 方式是采用连续波对超声波信号进行调制，将由被测物体反射延迟时间 Δt 后得到的接收波信号与发

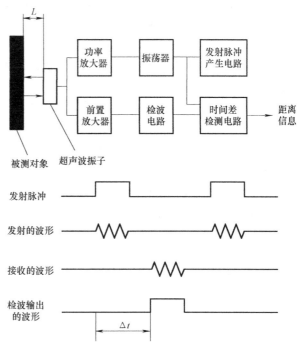

图 7-14　脉冲回波式超声波传感器的检测原理

射波信号相乘，仅取出其中的低频信号，就可以得到与距离 L 成正比的差频信号 f_τ。假设调制信号的频率为 f_m，调制频率的带宽为 Δf，被测物体与传感器间的距离为

$$L = \frac{f_\tau v}{4 f_m \Delta f} \qquad (7\text{-}3)$$

在真实的环境中，超声波传感器数据的精确度和可靠性会随着距离的增加和环境模型的复杂性上升而下降。总而言之，超声波传感器的可靠性很低，测距的结果存在很大的不确定性，主要表现在以下四点：

1）测量误差。超声波传感器测量距离的误差，除了传感器本身的测量精度问题外，还受外界条件变化的影响。如声波在空气中的传播速度受温度影响很大，同时和空气湿度也有一定的关系。

2）超声波传感器散射角。超声波传感器发射的声波有一个散射角，超声波传感器可以感知在散射角所在的扇形

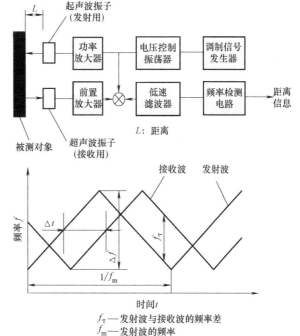

f_τ——发射波与接收波的频率差
f_m——发射波的频率

图 7-15　FM-CW 式测距原理

区域范围内的障碍物,但是不能确定障碍物的准确位置。

3)串扰。机器人通常都装备多个超声波传感器,此时可能会发生串扰问题,即一个传感器发出的探测波束被另外一个传感器当作自己的探测波束接收到。这种情况通常发生在比较拥挤的环境中,对此只能通过几个不同位置多次反复测量验证,同时合理安排各个超声波传感器工作的顺序来解决。

4)声波在物体表面的反射。声波信号在环境中不理想的反射是实际环境中超声波传感器遇到的最大问题。当光、声波、电磁波等碰到反射物体时,任何测量到的反射都是只保留原始信号的一部分,剩下的部分能量或被介质物体吸收或被散射或穿透物体。有时超声波传感器甚至接收不到反射信号。

2. 超声波传感器的选型

超声波传感器的品种很多,其形状和规格各异,现以天津吉诺科技有限公司的传感器产品为例说明型号标注方式。该公司生产的超声波传感器产品型号标注方式如图 7-16 所示。

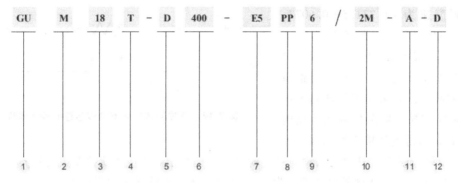

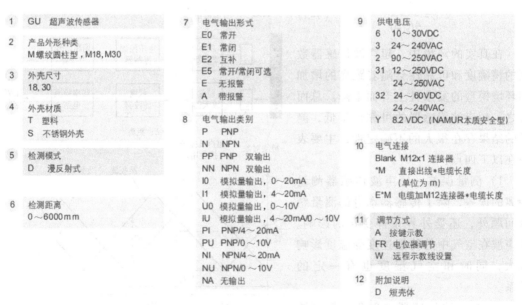

图 7-16 超声波传感器型号标注方式

例如:型号为 GUM18T-1.6M-E5NU6/2M-A,表示该超声波传感器为螺纹圆柱型,塑料外壳，外壳尺寸 18mm，检测模式为漫反射式，检测距离 1.6m，电气输出形式为常开/常闭，可选；NPN 输出，输出电压范围 0~10VDC，供电电压为 10~30VDC，电气连接为直接出线，带有 2m 长电缆，调节方式为按键示教。其相关技术参数见表 7-13。

表 7-13　M18 标准型超声波传感器技术参数

GUM18T-D…
GUM18S-D…
■ 适用于大部分应用的标准长度外壳产品
■ 开关量输出型号，开关点和常开/常闭输出方式可编程
■ 模拟量输出型号，输出斜率可编程
■ 所有型号产品的工作区域调整都可通过示教按键来操作
■ 多功能指示灯，输出状态，示教功能，NONC 配指示
■ IP67 防护等级，金属外壳和塑料外壳产品可选
■ M12 接插件或 2m 出线连接方式可选

M18 标准系列超声波传感器供电电压:15~30VDC					
型号	外壳材料	检测距离/mm	输出方式	接线方式	响应特征曲线图	订货号
GUM18T-D400-E5PP6-A			PNP 双输出	4 芯 M12 接插件	RD181	A6022454
GUM18T-D400-E5PP6/2M-A			PNP 双输出	2m 电缆	RD181	A6022354
GUM18T-D400-E5NN6-A			NPN 双输出	4 芯 M12 接插件	RD181	A6022458
GUM18T-D400-E5NN6/2M-A			NPN 双输出	2m 电缆	RD181	A6022358
GUM18T-D400-E5PI6-A			PNP/4~20mA	4 芯 M12 接插件	RD181	A6022455
GUM18T-D400-E5PI6/2M-A	塑料外壳	50~400	PNP/4~20mA	2m 电缆	RD181	A6022355
GUM18T-D400-E5NI6-A			NPN/4~20mA	4 芯 M12 接插件	RD181	A6022459
GUM18T-D400-E5NI6/2M-A			NPN/4~20mA	2m 电缆	RD181	A6022359
GUM18T-D400-E5PU6-A			PNP/0~10V	4 芯 M12 接插件	RD181	A6022456
GUM18T-D400-E5PU6/2M-A			PNP/0~10V	2m 电缆	RD181	A6022356
GUM18T-D400-E5NU6-A			NPN/0~10V	4 芯 M12 接插件	RD181	A602245A
GUM18T-D400-E5NU6/2M-A			NPN/0~10V	2m 电缆	RD181	A602235A

（续）

M18 标准系列超声波传感器供电电压：15～30VDC						
型号	外壳材料	检测距离/mm	输出方式	接线方式	响应特征曲线图	订货号
GUM18S-D400-E5PP6-A	金属外壳	50～400	PNP 双输出	4 芯 M12 接插件	RD181	A6022464
GUM18S-D400-E5PP6/2M-A			PNP 双输出	2m 电缆	RD181	A6022364
GUM18S-D400-E5NN6-A			NPN 双输出	4 芯 M12 接插件	RD181	A6022468
GUM18S-D400-E5NN6/2M-A			NPN 双输出	2m 电缆	RD181	A6022368
GUM18S-D400-E5PI6-A			PNP/4～20mA	4 芯 M12 接插件	RD181	A6022465
GUM18S-D400-E5PI6/2M-A			PNP/4～20mA	2m 电缆	RD181	A6022365
GUM18S-D400-E5NI6-A			NPN/4～20mA	4 芯 M12 接插件	RD181	A6022469
GUM18S-D400-E5NI6/2M-A			NPN/4～20mA	2m 电缆	RD181	A6022369
GUM18S-D400-E5PU6-A			PNP/0～10V	4 芯 M12 接插件	RD181	A6022466
GUM18S-D400-E5PU6/2M-A			PNP/0～10V	2m 电缆	RD181	A6022366
GUM18S-D400-E5NU6-A			NPN/0～10V	4 芯 M12 接插件	RD181	A602246A
GUM18S-D400-E5NU6/2M-A			NPN/0～10V	2m 电缆	RD181	A602236A

7.7.2　力觉传感器

力觉是指对机器人的指、肢和关节等在运动中所受力的感知，力的感知对于机器人进行精确操作具有重要影响。机器人通过机械手抓取物体，装配时，通过力和力矩传感器可以确定物体是否抓紧、部件是否装配好。根据传感器安装部位，力觉传感器可分为腕力传感器、关节力传感器、握力传感器、脚力传感器、手指力觉传感器等；根据被测对象的负载，可以把力传感器分为测力传感器（单轴力传感器）、力矩表（单轴力矩传感器）、手指传感器（检测机器人手指作用力的超小型单轴力传感器）和六轴力觉传感器等。常用的力觉传感器包括压电传感器、光纤压觉传感器、力敏电阻等，也可以通过检测驱动电动机电流来确定力或力矩的大小。

1. 力觉检测原理

（1）通过电动机电流检测 工业机械臂为了操作不同的物体，其驱动电动机的输出力矩必须适应不同的负载，因而电动机供电电流会发生变化，以保证足够的输出力矩。因此，通过检测电动机电流可以间接地获得被操作物体上的力或力矩信息。由于驱动电动机是通过齿轮等传动机构将作用力施加于被操作物体上，所以检测电动机电流获得的力或力矩一般要大于实际作用于物体上的力或力矩，因此这种方法的检测精度不高。电动机与它所产生的力的关系为

$$F = \frac{K_T I_m \eta}{R} \tag{7-4}$$

式中，F 是电动机产生的力；K_T 为电动机转矩常数；I_m 为电动机的电枢电流；η 为齿轮和齿条的效率；R 为齿轮的半径。

（2）压电式力传感器 常用的压电晶体（如石英晶体），受到压力后会产生一定的电信号。石英晶体输出的电信号强弱是由它所受到的压力值决定的，通过检测这些电信号的强弱，能够检测出被测物体所受到的力。压电式力传感器可以测量物体受到的压力，也可以测量物体受到的拉力。

压电晶体不能承受过大的应变，所以它的测量范围较小。在机器人应用中一般不会出现过大的力，因此，采用压电式力传感器比较适合。安装压电式力传感器时，与传感器表面接触的零件应具有良好的平行度和较低的表面粗糙度值，其硬度也应低于传感器接触表面的硬度，保证预紧力垂直于传感器表面，使石英晶体上产生均匀分布的压力。

（3）筒式腕力传感器 图 7-17 所示为一种筒式 6 自由度腕力传感器。其主体为铝圆筒，外侧有 8 根梁支承。其中 4 根为水平梁，4 根为垂直梁。水平梁的应变片贴于上、下两侧，设各应变片所受到的应变量分别为 Q_X^+、Q_Y^+、Q_X^-、Q_Y^-；而垂直梁的应变片贴于左、右两侧，设各应变片所受到的应变量分别为 P_Y^-、P_X^+、P_Y^+、P_X^-。那么，施加于传感器上的六维力，即 X、Y、Z 方向的力 F_X、F_Y、F_Z 及 X、Y、Z 方向的转矩 M_X、M_Y、M_Z 可以用下列关系式计算，即

$$\begin{cases} F_X = K_1(P_Y^+ + P_Y^-) \\ F_Y = K_2(P_X^+ + P_X^-) \\ F_Z = K_3(Q_X^+ + Q_X^- + Q_Y^+ + Q_Y^-) \\ M_X = K_4(Q_Y^+ - Q_Y^-) \\ M_Y = K_5(-Q_X^+ - Q_X^-) \\ M_Z = K_6(P_X^+ - P_X^- - P_Y^+ + P_Y^-) \end{cases} \tag{7-5}$$

式中，K_1、K_2、K_3、K_4、K_5、K_6 为比例系数，与各梁所贴应变片的应变灵敏系数有关，应变量由贴在每根梁两侧的应变片构成的半桥电路测量。

2. 力觉传感器选型

本教程以上海力恒公司的 LH-SZ-02 力传感器为例说明如何选型。LH 代表力恒公司，SZ 表示三轴力传感器，02 表示最小量程 20N。技术参数见表 7-14。在主要技术参数满足设计

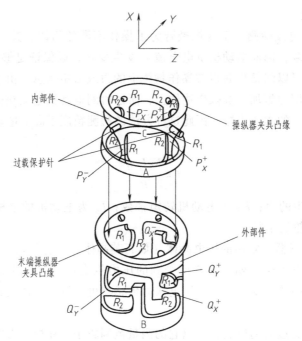

图 7-17　筒式 6 自由度腕力传感器

要求的情况下，可根据机械手工作过程中的实际受力情况进行量程选择。

表 7-14　LH-SZ-02 三轴力传感器技术参数

量程	20N,50N,100N,200N,500N	材质	不锈钢
输出灵敏度	约为 1.0mV/V	输出电阻	(350±5)Ω
非线性	0.3%F.S.	绝缘电阻	>5000MΩ/10VDC
滞后	0.2%F.S.	使用电压	2~10V
重复性	0.2%F.S.	最大工作电压	15V
蠕变(30min)	0.2%F.S.	温度补偿范围	-10~60℃
温度灵敏度漂移	0.1%F.S./10℃	工作温度范围	-20~80℃
零点温度漂移	0.1%F.S./10℃	安全负载	150%
防护等级	IP 66	极限负载	200%
输入阻抗	350±20Ω	电缆长度	ϕ5mm×4m

第8章

控制系统设计

机器人控制系统是指使机器人完成不同任务和动作所采用的各种控制手段，其作用是根据指令对机构本体进行操作和控制，从而完成作业。控制系统是机器人的"神经中枢"，其性能在很大程度上决定了机器人的性能。机器人控制系统应当具有灵活、方便的操作方式和多种形式的运动控制方式，并且要安全可靠。构成机器人控制系统的主要要素是控制系统软、硬件，输入、输出，以及驱动器和传感器系统。为了解决机器人的高度非线性，以及对强耦合系统进行控制，要运用到最优控制、解耦、自适应控制，以及变结构滑模控制和神经元网络控制等现代控制理论。另外，机器人是机、电、液高度集成的一个复杂的系统和结构，其作业环境又极为恶劣，在设计控制系统时需要考虑散热、防尘、防潮、抗干扰、抗振动和抗冲击。控制系统设计，既要对机器人末端执行器完成高精度、高效率的作业进行实时监控，通过所配备的控制系统软、硬件，将执行器的坐标数据及时转换成驱动执行器的控制数据，使其具有智能化、自适应系统变化的能力，还要采取有多个控制通路或多种形式控制方式的策略。控制系统的设计必须拥有自动、半自动和手工控制等控制方式，以应对各种突发情况下，通过人机交互选择后，能完成定位、运移、变位、夹持、送进、退出和检测等各种施工作业的复杂动作，使机器人始终能按照人们所期望的目标保持正常运行和作业。

8.1 拟定控制系统设计方案

8.1.1 确定控制系统基本结构

机器人控制系统的组成如图 8-1 所示。控制系统构成说明见表 8-1。

表 8-1 控制系统构成说明

名称	说　　明
控制计算机	控制系统的调度指挥设备,一般为工业控制计算机或 PLC
示教盒	示教机器人的工作轨迹和参数设定,通常采用与主计算机进行通信的方式实现
操作面板	由各种操作按键、状态指示灯构成,其作用与示教盒相同
显示器	人机接口的显示设备,用于编程,工作菜单显示,状态和故障诊断显示等
键盘	编程及操作中的数据和命令输入工具
磁盘及磁带存储	存储机器人工作程序的外围存储器
数字量和模拟量输入/输出	各种状态和控制命令的输入或输出

（续）

名称	说　　明
打印机接口	记录需要输出的各种信息
传感器接口	用于外部信息的自动检测,实现机器人的柔顺控制
轴控制器	完成机器人各关节位置、速度和加速度控制,通常由单片机或多轴控制器进行控制
辅助设备控制	用于与机器人配合的辅助设备控制,如手爪
通信接口	实现机器人与其他设备的信息交换,如串行接口、并行接口、网络接口等

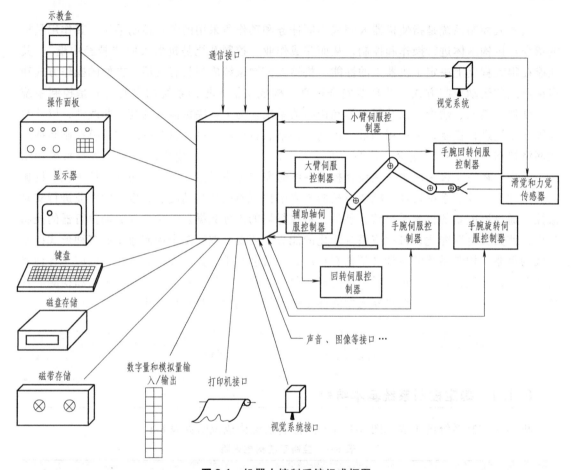

图 8-1　机器人控制系统组成框图

控制系统结构分类见表 8-2。

表 8-2　控制系统结构分类

系统结构	定义及说明	特点
集中控制方式	利用一台计算机实现系统的全部功能控制,构成框图如图8-2所示	构造简单,经济性好,实时性差,难以扩展,适用于低速、精度要求不高的场合
主从控制方式	采用主、从两个处理器实现系统的全部功能控制。主CPU实现管理、坐标变换、轨迹生成和系统自诊断等;从CPU实现所有关节的动作控制。构成框图如图8-3所示	实时性较好,适用于高精度、高速控制,扩展困难,维修性差,难以连接传感器,是目前流行的方式之一

（续）

系统结构	定义及说明	特点
分级控制方式	按系统的性质和方式将控制分为几个级别,每一级各有不同的控制任务和控制策略,各级之间有信息传递。一般分为两级:上级负责管理,坐标变换、轨迹生成等;下级由若干个处理器组成,每一处理器负责一个关节的动作控制。构成框图如图 8-4 所示	实时性好,易于实现高速、高精度分级控制,易于扩展,可实现智能控制,是目前最流行的方式

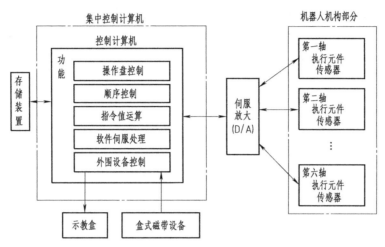

图 8-2　集中控制方式框图

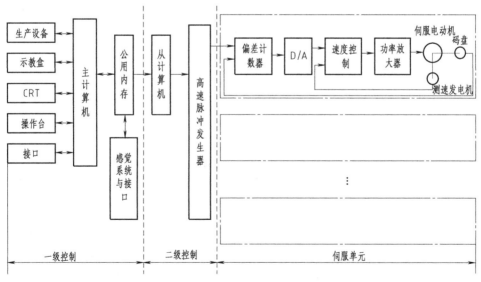

图 8-3　主从控制方式框图

　　根据不同的控制要求,控制系统可以有不同的设计方法,但一般应遵循以下设计原则:

　　1）使用国际标准总线结构。国际标准总线结构已经很成熟,功能模块化,且种类齐全,可灵活组态。软件兼容性、扩充性好,可与通用微型计算机兼容,可支持高级语言和运行众多应用软件。开发软件环境可以在已建立的平台上进行。

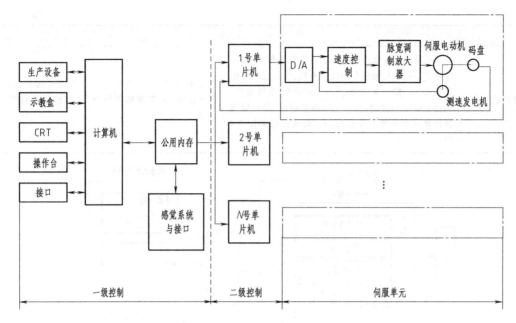

图 8-4　分级控制方式框图

2）实时中断和响应能力。软件中任务切换时间和中断延误时间要尽量短。特别对于安全系统的中断，一般应给予较高的优先级。

3）可靠性设计和可靠性措施。首先应按照可靠性工程方法对系统进行认真分析、设计；其次要考虑软硬件任务分配和选择，接地、隔离、屏蔽及工艺性等方面。

4）良好的开发环境加开发工具。尽量利用已有的仪器设备，应在成熟的软件平台上进行软件开发，利用高级语言、实时操作系统及已开发或应用的软件资源。

5）结构简单，工艺性合理，易于现场维护，更换备品、备件时间要尽量短。

6）系统要标准化，保持良好的开放性，易于和其他设备通信或联网，便于用户使用。

7）考虑系统后续投入批量生产的问题。各种结构、器件、工艺一定要适应我国的工业基础现状，并考虑机器人的批量和规模。

控制系统的具体构成方式的选择方法可参考表 8-3。

表 8-3　控制系统选择方法

方式	说明	特点
整机构成方式	采用现有计算机构成控制系统	软硬件资源丰富，可用高级语言编程，可用现有的操作系统，开发周期短。但结构庞大，成本较高
微处理器构成法	从选择微处理器入手，配以适量的存储器和接口部件构成	器件最少，结构简单，造价低。设计调试任务重，周期长，只适用于特定场合，难以扩展，后续生产工作量大
总线式模板构成	以一种国际标准总线的功能模块为基础构成系统	可靠性高，速度快，支持环境好，易于扩展，质量容易保证，兼容性好，维修方便。系统较复杂，保密性差
多处理器方式	由多处理器构成复杂的控制系统	各处理器分散功能，提高了系统的可靠性，简化管理程序（操作系统），调试方便。价格较高，系统复杂

8.1.2　选择控制方法

工业机器人要求能满足一定速度下的轨迹跟踪控制（如喷漆、弧焊等作业）或点到点定位控制（定位焊、搬运、装配作业）的精度要求，因而只有很少机器人采用步进电动机或开环回路控制的驱动器。为了得到每个关节的期望位置运动，必须设计控制算法，算出合适的力矩，再将指令送至驱动器。因此要采用敏感元件进行位置和速度反馈。

当操作机跟踪空间轨迹时，可对操作机进行位置控制。但当末端执行器与周围环境或作业对象有接触时，仅有位置控制是不够的，必须引入力控制器。例如，在装配机器人中，接触力的监视和控制是非常必要的，否则可能会发生碰撞、挤压，损坏设备和工件。

常用的控制算法主要包括 PID 控制、自适应控制、变结构控制、神经网络控制、模糊控制等。

1. PID 控制

如图 8-5 所示，PID 控制算法结构简单、易于实现，并具有较强的鲁棒性，被广泛应用于机器人控制及其他各种工业过程控制中。当被控对象的结构和参数不能完全掌握，或得不到精确的数学模型时，应用 PID 控制技术最为方便，系统控制器的结构和参数可以依靠经验和现场调试来确定。PID 控制器参数整定是否合适，是其能否在实用中得到好的控制效果的前提。

PID 控制算法参数的整定是指选择 PID 算法中的 k_p、k_i、k_d 几个参数，使相应的计算机控制系统输出的动态响应满足某种性能要求。

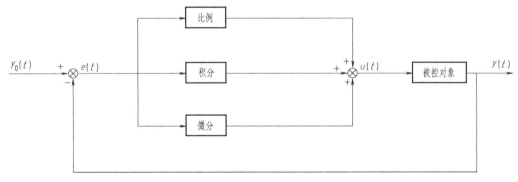

图 8-5　PID 控制结构

参数的整定有两种方法：理论设计法和实验确定法。用理论设计法确定 PID 控制参数的前提是要有被控对象准确的数学模型，这在一般工业生产中很难做到。因此，用实验确定法来选择 PID 控制参数的方法便成为经常采用而行之有效的方法。该方法通过仿真和实际运行，观察系统对典型输入作用的响应曲线，根据各控制参数对系统的影响，反复调节实验，直到满意为止，从而确定 PID 参数。

2. 自适应控制

自适应控制从应用角度大体上可以归纳成两类：模型参考自适应控制和自校正控制。如图 8-6 所示，模型参考自适应控制的基本思想是在控制器和控制对象组成的闭环回路外，再建立一个由参考模型和自适应机构组成的附加调节回路。参考模型的输出（状态）就是系统的理想输出（状态）。

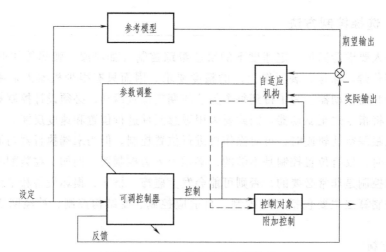

图 8-6　模型参考自适应控制结构

　　当运行过程中对象的参数或特性变化时，误差进入自适应机构，经过由自适应规律所决定的运算，产生适当的调整作用，改变控制器的参数，或者产生等效的附加控制作用，力图使实际输出与参考模型输出一致。

3. 变结构控制

　　变结构控制本质上是一类特殊的非线性控制，其非线性表现为控制的不连续性，如图 8-7 所示。这种控制策略与其他控制的不同之处在于系统的"结构"并不固定，而是可以在动态过程中，根据系统当时的状态（如偏差及各阶导数等），以跃变的方式、有目的地不断变化，迫使系统按预定的"滑动模态"的状态轨迹运动。它在非线性控制和数控机床、机器人等伺服系统及电动机转速控制等领域中获得了许多成功的应用。

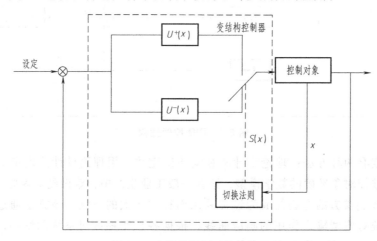

图 8-7　变结构控制系统结构图

4. 神经网络控制

　　人工神经网络凭借其固有的任意非线性函数逼近优势，广泛应用于各种非线性工程领域，而神经网络控制就是其中一个重要方面，这是由于神经网络控制具有良好的非线性映射能力、实时处理能力和容错能力造成的。在神经元网络控制应用领域，目前应用得较多的神经网络结构为多层前向网络和径向基函数网络。BP 神经网络结构如图 8-8 所示。

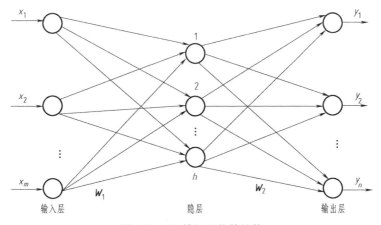

图 8-8　BP 神经网络的结构

为简单起见，该网络模型表示为单隐层。假设多层神经网络由 m 个输入层节点、h 个隐层节点、n 个输出层节点组成。输入层和隐层的权值矩阵为 $\boldsymbol{W}_1$，隐层和输出层的权值矩阵为 $\boldsymbol{W}_2$，隐层和输出层的权值水平分别是 B_1 和 B，那么神经网络输出与输入的矢量映射关系可表示为

$$Y = F_2(W_2 \cdot F_1(W_1 \cdot X + B_1) + B_2) \tag{8-1}$$

式中，$\boldsymbol{F}_1$ 为隐层非线性转移函数；$\boldsymbol{F}_2$ 为输出层非线性转移函数。显然，神经网络所隐含的信息便分布于网络的权重 $\boldsymbol{W}_1$ 与 $\boldsymbol{W}_2$ 中。神经网络为完成某项工作，必须经过训练。它利用对象的输入/输出数据对，经过误差校正反馈，调整网络权值和阈值，从而得到输出与输入的对应关系。误差校正反馈的目标函数通常是基于最小均方误差，即 $E = 1/2 \sum_{p=1}^{N} (D_p - Y_p)^2$，误差反向传播算法（BP 算法）是按照误差函数的负梯度方向来修改权参数 $\boldsymbol{W}_1$ 与 $\boldsymbol{W}_2$ 的。

5．模糊控制

模糊控制的核心部分是模糊控制器，其基本结构如图 8-9 所示。它主要包括输入量的模糊化处理、模糊推理和逆模糊化（或称为模糊判决）三部分。

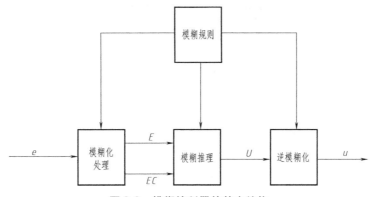

图 8-9　模糊控制器的基本结构

模糊控制器的实现可由模糊控制通用芯片实现或由计算机（或微型计算机）的程序来实现。用计算机程序实现的具体过程如下：

1）求系统给定值与反馈值的误差 e。微型计算机通过采样获得系统被控量的精确值，然后将其与给定值比较，得到系统的误差。

2）计算误差变化率 $\dot{e}$，即 de/dt。这里，对误差求微分是指在一个 A/D 采样周期内求误差的变化。

3）输入量的模糊化。由前边得到的误差及误差变化率都是精确值，必须将其模糊化变成模糊量 E、EC。同时，把语言变量 EC 的语言值转化为某适当论域上的模糊子集（如"大""小""快""慢"等）。

4）控制规则。它是模糊控制器的核心，是专家的知识或现场操作人员经验的一种体现，即控制中所需要的策略。控制规则的数目可能有很多条，那么需要求出总的控制规则 R 作为模糊推理的依据。

5）模糊推理。输入量模糊化后的语言变量 E、EC（具有一定的语言值）作为模糊推理部分的输入，再由 E、EC 和总的控制规则 R，根据推理合成规则进行模糊推理得到模糊控制量 U，U 的计算公式为

$$U = (E \times EC)^{T_1} * R \tag{8-2}$$

6）逆模糊化。为了对被控对象施加精确的控制，必须将模糊控制量转化为精确量 u 即逆模糊化。

7）计算机执行完步骤 1）~6）后，即完成了对被控对象的第一步控制，然后等到下一次 A/D 采样，再进行第二步控制，依此循环下去就完成了对被控对象的控制。

8.2　控制器选型

控制器作为机器人控制系统的核心，选择合适的控制器对整个系统来说十分重要，其性能直接影响了控制系统的可靠性、数据处理速度、数据采集的实时性等。机器人的运行环境较恶劣，干扰源众多，对控制器的实时性和可靠性的要求较高，所以选择一种稳定且可靠的运动控制器至关重要，既要满足系统要求，又要具有良好的可扩展性和兼容性。常见的控制器种类及其特点分析对比见表 8-4。

表 8-4　常见控制器性能比较

种类	DSP	单片机	嵌入式工控机	PLC
价格	☆	★	△	□
质量	★	★	△	☆
体积	★	★	△	☆
可靠性	□	△	★	★
实时性	☆	□	★	★
集成度	☆	△	☆	★
可扩展性	□	□	□	★
通信能力	□	□	★	★

（续）

种类	DSP	单片机	嵌入式工控机	PLC
抗干扰性	△	□	★	★
运行范围	□	□	☆	★
应用前景	□	△	☆	☆
总体评价	其特点决定了 DSP 多用于室内机器人的控制	适用于应用环境简单的开发环境	功能强大，系统稳定，但是开发难度大	新型 PLC 功能强大，能满足绝大多数应用环境

注：△——一般，□——中等，☆——良好，★——优等。

由表 8-4 可知，PLC 具有抗干扰能力较强、I/O 接口丰富、模块通用性强、编程简单、维修方便等优势。PLC 可实现对单轴和多轴的位置控制、速度控制及加速度控制，并可将运动控制和顺序控制合理地结合在一起。各种新运动模块的开发及相关软件的推出使得 PLC 应用于运动控制的比例正逐渐增加。选择 PLC 作为机器人运动控制器是较好的方案。

8.3　机器人 PLC 控制系统设计开发

8.3.1　PLC 的选型

设计机器人 PLC 控制系统应根据机器人的工作特点、环境条件、用户要求及其他相关情况进行全面分析，特别要确定哪些外围设备向 PLC 输入信号，哪些外围设备接收来自 PLC 的输出信号，并确定各种控制信号和检测反馈信号的性质及数量，综合上述要求来选择合适的 PLC 型号，确定系统各种硬件配置。PLC 的选型主要从如下五个方面来考虑：

（1）PLC 功能与控制要求相适应　中、低档 PLC 的功能以开关量控制为主，带有少量模拟量接口；高档小型或中、大型 PLC 具有 PID 调节、闭环控制、通信联网等功能，适用于控制较复杂、功能要求较高的项目。

（2）存储器容量　根据系统大小和控制要求的不同，选择用户存储器容量不同的 PLC，厂家一般提供 1k、2k、4k、8k、16k 程序步容量的存储器。用户程序占用多少内存与许多因素有关，目前只能作粗略估算，估算方法有下面两种（仅供参考）：

1）PLC 内存容量（指令条数）等于 I/O 总点数的 10~15 倍。

2）指令条数 ≈ 6I/O 点数$+2(T+C)$。其中，T 为定时器总数；C 为计数器总数。还应增加一定的裕量。

（3）I/O 点数与输入/输出方式　统计出被控设备对输入/输出总点数的需求量，据此确定 PLC 的 I/O 点数。必要时增加一定裕量。一般选择增加 15%~20% 的备用量，以便调整或扩充。

（4）PLC 处理速度　PLC 以扫描方式工作，从接收输入信号到发出输出信号控制外围设备，存在滞后现象，但能满足一般的控制要求。如果某些设备要求输出响应快，应采用快速响应的模块，采取优化软件，缩短扫描周期或中断处理等措施。

（5）是否要选用扩展单元　多数小型 PLC 是整体结构，除了按点数分成一些档次（如 32 点、48 点、64 点、80 点）外，还有多种扩展单元模块供选择。模块式结构的 PLC 采用主机模块与输入/输出模块、功能模块组合的使用方法，I/O 模块点数分为 8 点、16 点、32 点不等，可根据需要选择，灵活组合主机与 I/O 模块。

8.3.2　PLC 控制系统硬件设计

PLC 控制系统硬件设计步骤如下：

（1）选择合适的 PLC 机型　PLC 的选型应从其性能结构、I/O 点数、存储量及特殊功能等多方面综合考虑。由于 PLC 厂家很多，要根据系统的复杂程度和控制要求来选择。要保证系统运行可靠、维护使用方便及较高的性价比。

（2）PLC 的 I/O 点数选择　估算系统的 I/O 点数，主要是根据现场的 I/O 设备的情况。I/O 点数是衡量 PLC 规模大小的重要指标。在选择 I/O 点数时，一定要留有 15%～20% 点数余量，以备后用。

（3）I/O 模块的选择　对于 I/O 模块应从以下几个方面来考虑选择：

1）输入模块应考虑：①根据现场输入信号与 PLC 输入模块距离的远近来选择工作电压，例如，12V 电压模块一般不应超过 12m，距离较远的设备应选用工作电压比较高的模块；②对于高密度的输入模块，例如，32 点的输入模块，允许同时接通的点数取决于输入电压和周围环境温度，一般同时接通的输入点数不得超过总输入点数的 60%。

2）输出模块的选择应考虑：输出模块有继电器输出、晶体管（场效应晶体管）输出和晶闸管输出三种输出形式。①继电器输出模块价格比较便宜，在输出变化不太快、开关不频繁的场合，应优先选用；②对于开关频繁、功率因数较低的感性负载可选用晶闸管（交流）和晶体管（直流）输出，但其过载能力低，对感性负载（如电动机）断开瞬间的反向电压必须采取抑制措施。另外，在选用输出模块时，不但要看一点的驱动能力，还要看整个模块的满负荷能力，即输出模块同时接通点数的总电流值不得超过该模块规定的最大允许电流值。

（4）估算用户控制程序的存储容量　在 PLC 程序设计之前，应对用户控制程序的存储容量进行大致的估算。用户的控制程序所占用的内存容量与系统控制要求的复杂程度、I/O 点数、运算处理、程序结构等多种因素相关，所以只能根据经验，参考表 8-5 所列出的每个 I/O 点数和相关功能器件占用的内存容量的大小进行估算。在选择 PLC 内存容量时，应留出 25% 的备份量。

表 8-5　用户程序存储容量估算表

序号	器件名称	所需存储器字数	序号	器件名称	所需存储器字数
1	开关量输入	输入总点数×10 字/点	4	模拟量	模拟量通道数×100 字/通道
2	开关量输出	输出总点数×8 字/点	5	通信端口	端口数×300 字/个
3	定时器/计数器	定时器/计数器的个数×5 字/个			

（5）特殊功能模块的配置　在机器人控制系统中，除开关信号的开关量外，还可能有温度、压力、倾角、位置、速度、加速度、力矩、转矩等控制变量，需要对这些变量进行检测和控制。目前，各 PLC 厂家都提供了许多特殊专用模块，除具有 A/D 和 D/A 转换功能的模拟量 I/O 模块外，还有温度模块、位控模块、高速计数模块、脉冲计数模块及网络通信模块等供用户选择。在选用特殊功能专用模块时，只要能满足控制功能要求即可，要避免大材

小用。可参照 PLC 厂家的产品手册进行选择。

（6）I/O 分配　完成上述内容后，最后进行 I/O 分配，列出系统 I/O 分配表，尽量将同类的信号集中配置，地址等按顺序连续编排在分配表中，可不包含中间继电器、定时器和计数器等器件。最后设计 PLC 的 I/O 端口接线图。

8.3.3　PLC 控制系统软件设计

软件设计是 PLC 控制系统应用设计中工作量最大的一项工作，主要是编写满足生产要求的梯形图程序。软件设计应按以下的要求和步骤进行：

（1）设计 PLC 控制系统流程图　在明确了机器人控制系统各输入/输出与各种操作之间的逻辑关系，确定了需要检测的各种变量和控制方法的基础上，可根据系统中各设备的操作内容和操作顺序，绘出系统控制流程图，作为编写用户控制程序的主要依据。

（2）编制梯形图程序　根据控制系统流程图逐条编写满足控制要求的梯形图程序。在设计过程中，可以借鉴现成的标准程序，但必须弄懂这些程序段的具体含义，否则会给后续工作带来问题。

（3）系统程序测试与修改　程序测试可以初步检查程序是否能够完成系统的控制功能，通过测试不断修改完善程序的功能。测试时，应从各功能单元先入手设定输入信号，观察输出信号的变化情况。必要时可借用一些仪器进行检测，在完成各功能单元的程序测试之后，再贯穿整个程序，测试各部分接口情况，直至完全满足控制要求为止。

程序测试完成后，需要到现场与硬件设备进行联机统调。在现场测试时，应将 PLC 系统与现场信号隔离，既可以切断输入/输出的外部电源，也可以使用暂停输入/输出服务指令，以避免不必要甚至造成事故的误动作。整个调试工作完成后，编制技术资料，并将用户程序固化在 EPROM 中。

在硬件条件无法满足的情况下，可以利用 PLC 模拟仿真软件，如三菱 PLC 的 GX Simulator 进行离线仿真，查找程序中可能存在的问题。

8.3.4　PLC 应用程序的常用设计方法

PLC 应用程序的设计就是梯形图（相当于继电接触器控制系统中的原理图）程序的设计，这是 PLC 控制系统应用设计的核心部分。PLC 所有功能都是以程序的形式体现的，大量的工作将投入在软件设计上。程序设计的方法很多，没有统一的标准可循。通常采用继电器系统设计方法，如经验法、解析法、图解法、翻译法、状态转移法及模块分析法等。

（1）解析法　解析法是根据组合逻辑或时序逻辑的理论，运用逻辑代数求解输入/输出信号的逻辑关系并化简，再根据求解的结果，编制梯形图程序的一种方法。这种编程方法十分简便，逻辑关系一目了然，适用于初学者。

在继电器控制电路中，电路的接通和断开，都是通过按钮控制继电器的触点来实现的，这些触点只有接通、断开两种状态，与逻辑代数中的"1"和"0"两种状态对应。梯形图设计的最基本原则也是"与""或""非"的逻辑组合，规律完全符合逻辑运算的基本规律。

（2）图解法　图解法是靠绘图进行 PLC 程序设计。常见的绘图方法有三种：梯形图法、时序图法和流程图法。

1）梯形图法是依据上述各种程序设计方法把 PLC 程序绘制成梯形图，这是最基本的常用方法。

2）时序图法特别适用于时间控制电路，例如交通信号灯控制电路。对应的时序图画出后，再依时间用逻辑关系组合，就可以很方便地把电路设计出来。

3）流程图法是用流程框图表示 PLC 程序执行过程及输入与输出之间的关系。使用步进指令进行程序设计是非常方便的。

（3）翻译法 翻译法是指将继电器控制逻辑原理图直接翻译成梯形图，工业技术改造通常选用翻译法。原有的继电器控制系统，其控制逻辑原理图长期运行可靠，实践证明该系统的设计合理。在这种情况下可采用翻译法直接把该系统的继电器控制逻辑原理图翻译成 PLC 控制的梯形图。翻译法操作步骤如下：

1）将检测元件（如行程开关）、按钮等合理安排，且接入输入端。

2）将被控的执行元件（如电磁阀等）接入输出端。

3）将原继电器控制逻辑原理图中的单向二极管用触点或内部继电器来替代。

4）与继电器系统一一对应选择 PLC 软件中功能相同的器件。

5）接触点和器件相应关系画梯形图。

6）简化和修改梯形图，使其符合 PLC 的特殊规定和要求，在修改中可适当增加器件或触点。

对于熟悉机电控制的人员来说学会翻译法很容易，可将继电器控制的逻辑原理图直接翻译成梯形图。

（4）状态转移法 程序较为复杂时，为保证程序逻辑的正确及程序的易读性，可以将一个控制过程分成若干个阶段，每一个阶段均设置一个控制标志，执行完一个阶段程序，就启动下一个阶段程序的控制标志，并将本阶段控制标志清除。采用状态流程图进行 PLC 程序设计时，应按以下三个步骤进行：

1）画状态流程图。按照机械运动或工艺过程的工作内容、步骤、顺序和控制要求绘出状态功能流程图。

2）确定状态转移条件。用 PLC 的输入点或 PLC 的其他元件来定义状态转移条件，当某转移条件的实际内容不止一个时，每个具体内容定义一个 PLC 的元件编号，并以逻辑组合形式表现为有效的转移条件。

3）明确电气执行元件的功能。确定实现各状态或动作控制功能的电气执行元件，并以对应的 PLC 输出点编号来定义这些电气执行元件。

（5）模块分析法 在编制一些大型系统程序时可采用模块法编程，即把一个控制程序分为以下六个控制部分进行编程：

1）系统初始化程序段。此段程序的目的是使系统达到某一种可知状态，或是装入系统原始参数和运行参数，或是恢复数据。由于意外停电等原因，有可能 PLC 控制系统会停止在某一种随机状态，那么在下一次系统上电时，就需要确定系统的状态。

2）系统手动控制程序段。手动控制程序段可实现手动控制功能。在一些自动控制系统中，为方便进行系统的调试而增加了手动控制。在启动手动控制程序时特别要注意的是必须防止自动程序被启动。

　　3）系统自动控制程序段。自动控制程序段是系统主要控制部分，是系统控制的核心。设计自动控制程序段时，一定要充分考虑系统中的各种逻辑互锁关系、顺序控制关系，确保系统按控制要求正常稳定地运行。

　　4）系统意外情况处理程序段。意外情况处理程序段是指系统在运行过程中发生不可预知情况时应进行的调整过程。最好的处理方法是让系统过渡到某一种状态，然后自动恢复正常控制。如果不可能实现，就需要报警，停止系统运行，等待人工干预。

　　5）系统演示控制程序段。该程序段是为了演示系统中的某些功能而设定的，一般可以用定时器，每隔一段固定时间系统循环演示一遍。为了使系统在演示过程中可以立即进行正常工作，需要随时检测输入端状态，一旦发现输入端状态有变化，就需要立即进入正常运行状态。

　　6）系统功能程序段。功能程序段是一种特殊程序段，主要是为了实现某一种特殊的功能，如联网、打印、通信等。

8.3.5　搬运机器人控制系统设计开发实例

　　生产过程中，需要将工件从传送带搬运至工作台进行去毛刺、抛光等加工，搬运过程的控制系统主要由机械手的控制系统和外围设备的控制系统组成。外围设备的控制系统包括位置控制、报警控制、急停控制等，机械手的控制系统则控制机械手完成搬运工作。每个控制均有原点、限位等信号，既能独立工作，也能互相通信。

　　1. 机械手的工作流程

　　机械手的功能是将工件从流水线搬运至机床，以完成工件生产过程中的抛光、去毛刺等生产工艺。机械手的升降和伸缩移动均由电磁阀控制，在某方向的驱动线圈失电时机械手保持原位，必须驱动反方向的电磁线圈才能反向运动。上升、下降对应的电磁线圈分别是YV1、YV2；伸出、缩回对应的电磁阀线圈分别是YV3、YV4；机座顺、逆时针回转对应的电磁阀线圈分别为YV5、YV6；手部夹/松过程使用单线圈电磁阀YV7线圈，得电时夹紧，失电时松开。

　　机械手各关节运动的开始和相互转换均由限位开关（又称为行程开关）控制，根据机械手的实际工作需求，可以确定机械手在一个周期内的工作流程为：原位→上升→前伸→夹紧→上升→顺时针回转→下降→松开→缩回→下降→逆时针回转→原位，工作流程如图8-10所示。

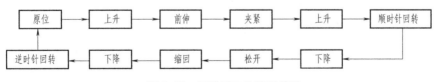

图8-10　机械手工作流程简图

　　2. 传感器的选择

　　传感器的种类有很多，光电传感器由于具有非接触、结构简单紧凑、抗干扰能力强、误差小等优点，因此被广泛应用。光电传感器是通过光学电路将所检测到的光信号的变化转化为电信号，然后通过电路将信号传递给控制系统。工作时将光电传感器安装于工件运输传送带两侧，用于检测工件的位置。工件到达预期位置时，光电传感器检测到信号并反馈给系统，此时传送带停止传动，机械手从初始状态开始工作。

3. PLC 的 I/O 配置

PLC 控制的 I/O 配置见表 8-6。

表 8-6 PLC 控制的 I/O 配置

设备		继电器	设备		继电器
代号	功能		代号	功能	
SA1	手动挡	X0	SQ1	上限位开关	X20
SA2	回原位挡	X1	SQ2	下限位开关	X21
SA3	单步挡	X2	SQ3	上升限位开关	X22
SA4	单周期挡	X3	SQ4	下降限位开关	X23
SA5	连续挡	X4	SQ5	伸出限位开关	X24
SB1	启动按钮	X5	SQ6	缩回限位开关	X25
SB2	停止按钮	X6	SQ7	顺时针回转限位	X26
SB3	上升按钮	X7	SQ8	逆时针回转限位	X27
SB4	下降按钮	X10	YV1	上升电磁阀线圈	Y0
SB5	伸出按钮	X11	YV2	下降电磁阀线圈	Y1
SB6	缩回按钮	X12	YV3	伸出电磁阀线圈	Y2
SB7	顺时针回转按钮	X13	YV4	缩回电磁阀线圈	Y3
SB8	逆时针回转按钮	X14	YV5	顺时针回转线圈	Y4
SB9	夹紧按钮	X15	YV6	逆时针回转线圈	Y5
SB10	松开按钮	X16	YV7	松/紧电磁阀线圈	Y6
SB11	回原位按钮	X17			

一共采用 24 个输入端子和 7 个输出端子。其中，工作方式选择有手动挡、回原位挡、单步挡、单周期挡和连续挡五种，分别对应五个输入端子。机械手的位置检测有上、下限位开关，上升、下降限位开关，伸出、缩回限位开关，以及顺、逆时针回转限位开关八个行程开关，分别对应八个输入端子。手动工作时有上升、下降、伸出、缩回、顺时针回转、逆时针回转、夹紧、松开和回原位按钮九个输入端子。另外还有启动、停止两个按钮也是两个输入端子。七个输出端子分别控制机械手的上升、下降、伸出、缩回、顺时针回转、逆时针回转和松开/夹紧动作。

根据表 8-6 中的 I/O 配置，PLC 控制系统的 I/O 接线如图 8-11 所示。

4. PLC 控制程序设计

根据机械手不同的工作方式（包括连续、单周期、单步、回原位和手动等）设计了不同的 PLC 程序：公共程序、自动程序、回原位程序及手动程序。其中自动程序包括单周期、单步和连续程序。例如，当选择工作方式为手动方式时，工作方式选择开关 SA 的触点 SA1 闭合，输入继电器 X0 得电，系统将执行手动程序。同理，当工作方式选择开关的相应触点 SA2、SA3、SA4、SA5 闭合时，系统将执行回原位程序和自动程序（包括单步、单周期和连续）。

（1）公共程序 公共程序的作用是根据实际控制需要实现自动程序与手动程序之间的切换。如图 8-12 所示，当机械手满足 Y6 复位（手爪松开），缩回限位开关 X25、下限位开关 X21 及回转限位开关 X27 的常闭触点得电闭合时，原位状态标志辅助继电器 M0 得电，表示机械手此时处于原位状态。

当 M0 得电后，机械手处于原位状态，此时执行用户程序 M80022 的状态为 ON，

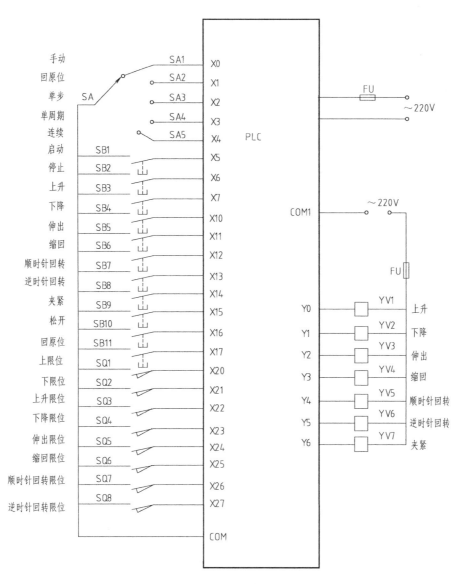

图 8-11　PLC 控制系统的 I/O 接线

将根据需要选择手动或回原位状态，因此手动挡 X0 或回原位挡 X1 闭合。此时，初始状态辅助继电器 M10 得电。M10 的主要作用是在自动程序中区分步进、单周期和连续的工作状态，可以按照工作需求选择不同的工作状态。若 M0 没有得电，则常闭触点 M0 处于闭合状态，此时 M10 复位。当系统选择手动工作状态时，需要使用复位指令 ZRST 将自动程序中控制机械手运动的辅助继电器 M11、M20 复位，同时复位连续工作辅助继电器 M1，从而避免系统在手动与自动工作方式相互切换时，又重新回到原工作方式，导致系统出现错误。

（2）自动程序　自动程序可根据用户需要实现步进、单周期及连续循环工作等不同的工作方式，三种不同工作方式的切换主要由连续工作辅助继电器 M1 和转换允许辅助继电器 M2 控制，如图 8-13 所示。

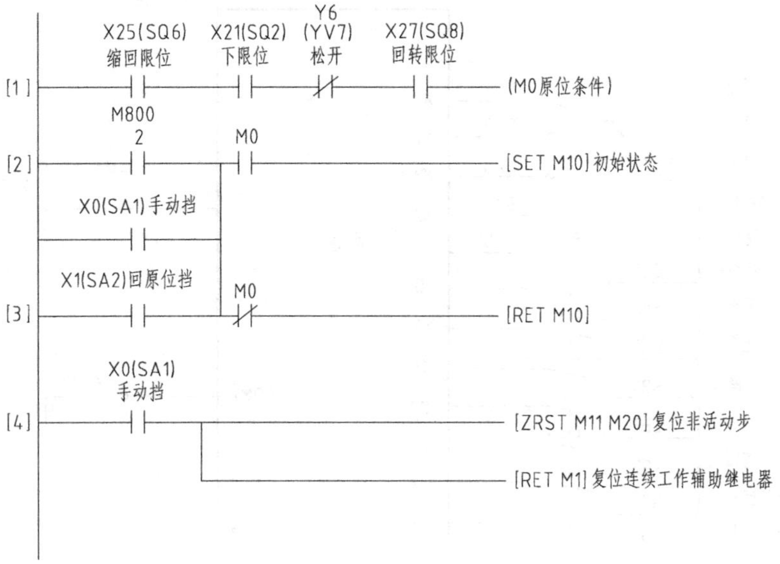

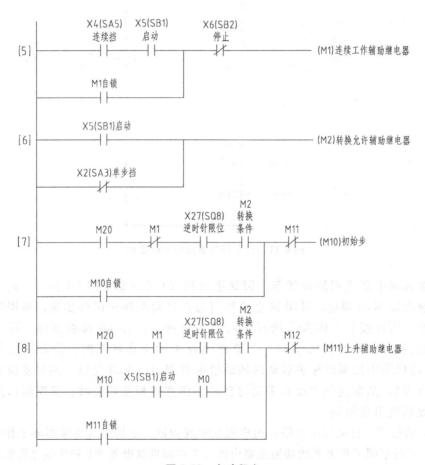

图 8-12　公共程序

图 8-13　自动程序

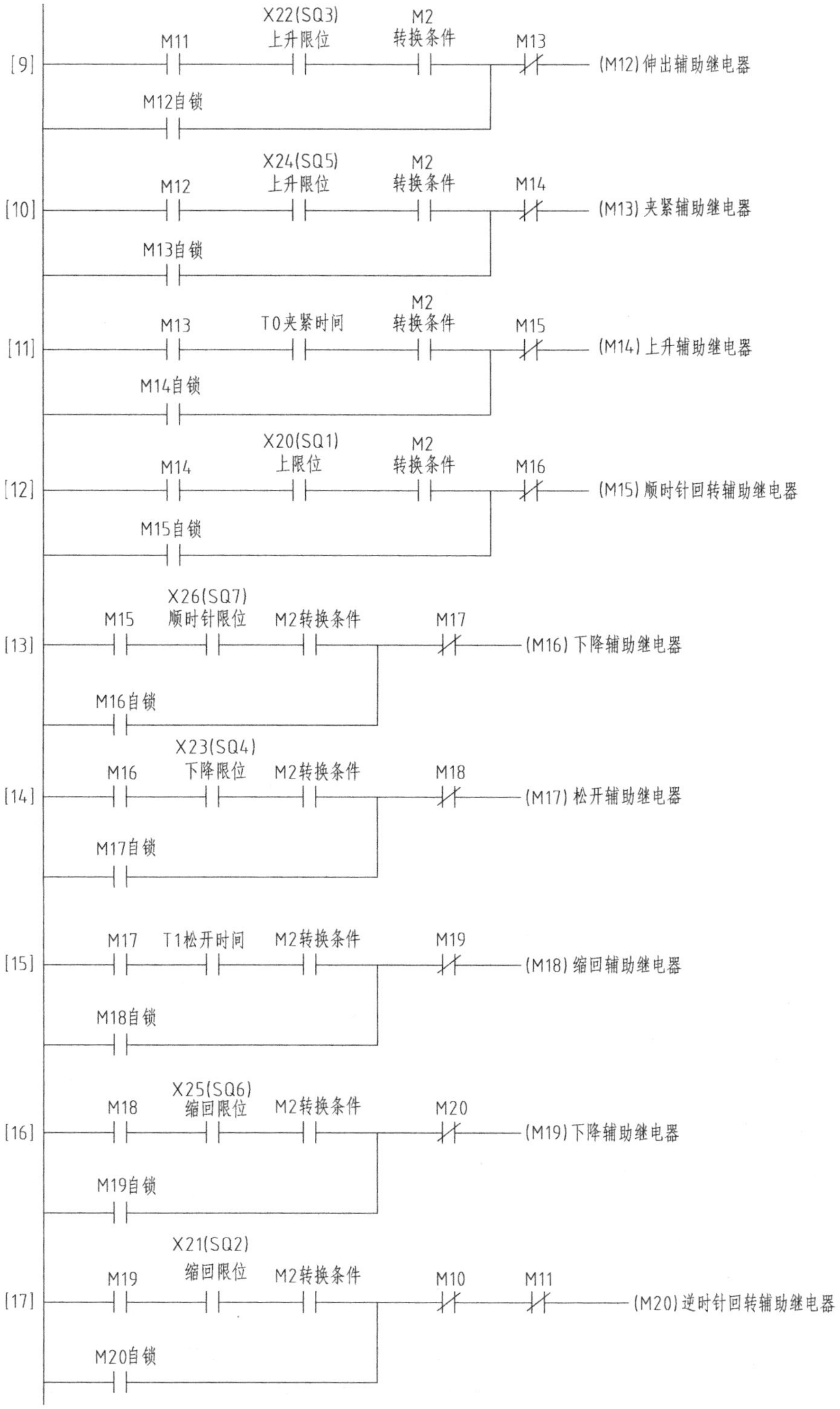

[9]
M11
X22(SQ3) 上升限位
M2 转换条件
M13
(M12)伸出辅助继电器
M12自锁
[10]
M12
X24(SQ5) 上升限位
M2 转换条件
M14
(M13)夹紧辅助继电器
M13自锁
[11]
M13
T0夹紧时间
M2 转换条件
M15
(M14)上升辅助继电器
M14自锁
[12]
M14
X20(SQ1) 上限位
M2 转换条件
M16
(M15)顺时针回转辅助继电器
M15自锁
[13]
M15
X26(SQ7) 顺时针限位
M2转换条件
M17
(M16)下降辅助继电器
M16自锁
[14]
M16
X23(SQ4) 下降限位
M2转换条件
M18
(M17)松开辅助继电器
M17自锁
[15]
M17
T1松开时间
M2转换条件
M19
(M18)缩回辅助继电器
M18自锁
[16]
M18
X25(SQ6) 缩回限位
M2转换条件
M20
(M19)下降辅助继电器
M19自锁
[17]
M19
X21(SQ2) 缩回限位
M2转换条件
M10
M11
(M20)逆时针回转辅助继电器
M20自锁

图 8-13　自动程序（续）

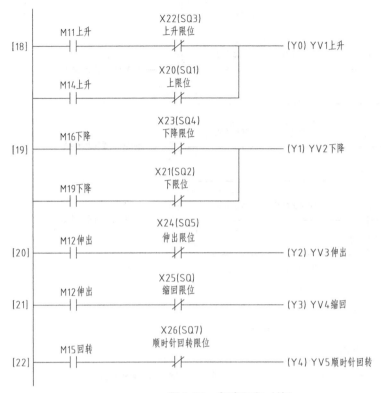

图8-13　自动程序（续）

在非单步（单周期、连续）的工作方式下，单步挡选择开关SA3断开，X2失电，常闭触点X2处于闭合状态，转换允许辅助继电器M2得电。允许每一步之间相互自动转换，串联在每个机械手运动辅助继电器电路中的动合触点M2得电闭合，步与步之间允许转换，即机械手可以作非单步（连续、单周期）运动。

在单步工作方式下，单步挡选择开关SA3得电，X2得电，常闭触点X2处于断开状态，转换允许辅助继电器M2失电，串联在每个机械手运动辅助继电器电路中动合触点M2失电断开，步与步之间不允许转换，只能实现单步动作，机械手动作不会自动转换到下一步。但此时如果按下启动按钮SB1，则动合开关X6得电，触点X6闭合，M2得电，此时系统允许步与步之间的相互转换。

非单步工作方式包括单周期和连续两种。单周期是指机械手完成一个周期的动作后立即停止；连续是指机械手能够循环往复地完成多个周期的动作。

在单周期工作方式下，在机械手完成一个周期的动作，执行最后一步M20逆时针回转回到初始状态时，逆时针回转限位开关SQ8得电闭合，进而X27得电，动合触点X27得电闭合。此时连续工作辅助继电器D的常闭触点M1处于闭合状态，因此满足转换条件，系统将返回并停留在初始步M10。系统只执行一个周期的动作。

当系统选择工作方式为连续工作方式时，在机械手完成一个周期的动作，执行最后一步M20逆时针回转回到初始状态时，逆时针回转限位开关SQ8得电闭合，进而X27得电。动合触点X27得电闭合。由于处于连续工作状态，因此动合触点X4闭合，启动按钮SB1按下，X5处于闭合状态，连续工作辅助继电器M1处于ON状态，动合触点M1闭合，因此上升辅助继电器M11得电。满足转换条件，系统将自动由单周期开始执行动作，并能够连续不断地重复周期性工作，直至停止按钮被按下。按下停止按钮 SB2，X6 得电，常闭触点 X6 得电断开。由于在停止按钮被按下前 M1 处于 ON 状态，因此此时 M1 失电断开。此时常闭触点 M1 重新闭合，动合触点 M1 断开，但此时由于机械手正在执行当前的操作［8］~［17］，因此对本周期的动作不会有影响，机械手会继续执行周期内动作。直至最后一步机械手逆时针回转回到原位时，逆时针回转限位开关 SQ8 闭合，动合触点 X27 得电闭合。但由于此时 M1 线圈失电，M1 触点断开，因此 M11 不能得电，即不能转换到机械手上升步，M1 重新闭合。因此 M10 得电，系统返回初始步。即按下停止按钮后，机械手不会立即停止工作，而是在完成当前周期的工作后，返回初始状态并停止工作。机械手的输出继电器 Y0~Y6 直接由相应的辅助继电器 M11~M20 和限位开关控制，当辅助继电器得电时，输出继电器得电开始驱动机械手工作，直至机械手的运动到达指定位置。各限位开关得电时，限位开关对应的常闭触点得电断开，机械手停止当前的运动而转移至下一步。当手爪执行夹紧和松开操作时，对应的工作时间由时间继电器 T0、T1 控制，分别控制夹紧时间为 6s，松开时间为 5s，以确保机械手能够夹紧工件。

（3）回原位程序　图 8-14 所示为机械手的返回原位程序，机械手在回原位过程中各关节运动的开始和结束均由其对应的限位开关控制。例如，在机械手下降过程中，当其下降到预定高度时，下限位开关的传感器检测到机械手的位置即得电闭合，机械手立即停止下降，并执行接下去的动作。当系统选择工作方式为回原位工作方式时，回原位选择开关 SA2 得电。X1 得电，动合触点 X1 得电闭合。当按下回原位按钮 SB1 时，X17 得电，动合触点 X17 得电闭合，回原位辅助继电器 M3 得电闭合，进而 Y6 和 Y2 失电复位。Y3 得电复位，机械手松开并缩回。当机械手缩回至缩回限位开关 SQ6 时，动合开关 X25 得电闭合，进而 Y3 和 Y0 失电，Y1 得电，机械手停止缩回并下降。当机械手下降至下限位开关 SQ2 时，选择开关 SAC 得电，X0 得电，公共程序中的动合触点 X0 得电闭合。复位初始状态辅助继电器 M10、连续工作辅助继电器 M1 及控制机械手运动时各步对应的辅助继电器 M11 ~ M20，手动工作时，由 SB3 ~ SB10（对应触点

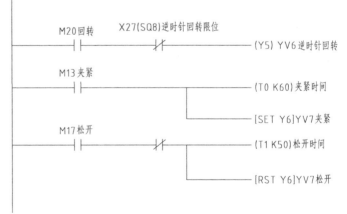

图 8-14　返回原位程序

X7~X16）八个按钮控制机械手的各种动作。例如，按下上升按钮 SB3 时，动合触点 X7 得电闭合，上升输出继电器 Y0 得电，机械手上升，根据操作需求调整上升高度。机械手的上升动作不会一直持续下去，上升的最大高度由限位开关控制，直至上限位开关 SQ1 动作，常闭触点 X20 得电断开，机械手停止上升。机械手的其他动作也是如此，为了防止系统在运行过程中出现错误，针对机械手相互对立的运动，在手动程序中设置了一些相应的互锁功能，如伸出与缩回、上升和下降等，在每一步中都串联了与该步动作相反的常闭触点，从而防止出现动作相反的两个继电器同时得电的情况。

第9章 软件仿真

仿真是指设计实际或理论物理系统的模型，执行模型和分析执行输出的过程。仿真工具作为一个强大的工具，为科学研究和工程技术领域提供设计、规划、分析和决策等服务。在机器人学领域中，机器人仿真技术发挥着重要的作用，它能够给机器人的研究开发提供一个安全可靠的平台。例如，设计一个机器人完成一个危险而复杂的任务，如果通过现实环境进行任务测试，会使机器人面临着较大的风险，同时有可能造成一定的经济损失。通过机器人仿真平台进行测试，不仅可以避免因任务失败带来的风险，而且能够进行多次重复测试，节省成本。通过离线编程和虚拟仿真，还可以大大提高机器人的利用效率。

市场上常见的离线仿真软件有 ABB 公司的 RobotStudio 软件、库卡（KUKA）公司的 Sim Pro 软件、安川（YASKAWA）公司的 Moto Sim EG-VRC 软件、发那科（FANUC）公司的 ROBOGUIDE 软件、爱普生（Epson）公司的 RC+软件等。本章以 ABB 公司的 RobotStudio 软件为例介绍机器人的软件仿真方法。

9.1 RobotStudio 的下载与安装

RobotStudio 下载地址：http：//new. abb. com/products/robotics/robotstudio/downloads。将下载好的软件解压后，双击其中的 setup. exe，按照提示安装软件。

当出现如图 9-1 所示的安装语言选择界面时，选择"中文（简体）"，单击"确定"按钮。

当出现如图 9-2 所示的版权保护警告界面时，单击"下一步"按钮。

图 9-1　安装语言选择

图 9-2　版权保护警告界面

当出现如图 9-3 所示的许可证协议界面时，选择"我接受该许可协议中的条款"，单击"下一步"按钮。

当出现如图 9-4 所示的隐私声明界面时，单击"接受"按钮。

图 9-3 许可证协议界面

图 9-4 隐私声明界面

当出现如图 9-5 所示的目的地文件夹选择界面时，选择安装路径，然后单击"下一步"按钮。

当出现如图 9-6 所示的安装类型选择界面时，选择"完整安装"，单击"下一步"按钮。

图 9-5 目的地文件夹选择界面

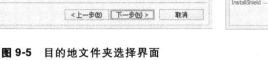

图 9-6 安装类型选择界面

当出现如图 9-7 所示的准备开始安装界面时，单击"安装"按钮。

当出现如图 9-8 所示的正在安装界面时，若安装过程中提示安装 .NET FrameWork 3.5 运行库，选择"下载"并安装此功能。若提示必须重启计算机，则选择"重启"。

当出现如图 9-9 所示的安装成功界面时，单击"完成"按钮，安装过程结束。

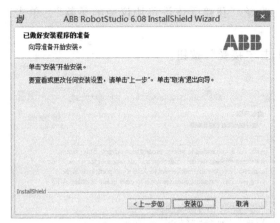

图 9-7　准备开始安装界面

图 9-8　正在安装界面

图 9-9　安装成功界面

9.2　RobotStudio 的软件界面

RobotStudio 软件主界面包括"文件"选项卡、"基本"选项卡、"建模"选项卡、"仿真"选项卡、"控制器"选项卡、"RAPID"选项卡和"Add-Ins"选项卡，如图 9-10 所示。

图 9-10　RobotStudio 软件主界面

1."文件"选项卡

"文件"选项卡包括创建新工作站、创造新机器人系统、连接到控制器、将工作站另存为查看器和 RobotStudio 选项，如图 9-11 所示。

2."基本"选项卡

"基本"选项卡包括建立工作站、创建系统、路径编程和摆放物体所需的控件，如

图 9-11 "文件"选项卡界面

图 9-12 所示。

图 9-12 "基本"选项卡界面

3."建模"选项卡

"建模"选项卡包括创建和分组工作站组件、创建实体、测量和 CAD 操作所需要的控件,如图 9-13 所示。

图 9-13 "建模"选项卡界面

4."仿真"选项卡

"仿真"选项卡包括创建、控制、监控和记录仿真所需的控件,如图 9-14 所示。

图 9-14 "仿真"选项卡界面

5. "控制器"选项卡

"控制器"选项卡包括用于模拟控制器（VC）的同步、配置和分配给机器人的任务控制措施，还包括用于管理真实控制器的控制功能，如图 9-15 所示。

图 9-15 "控制器"选项卡界面

6. "RAPID"选项卡

"RAPID"选项卡包括 RAPID 编辑器的功能、RAPID 文件的管理和用于 RAPID 编程的其他控件，如图 9-16 所示。

图 9-16 "RAPID"选项卡界面

7. "Add-Ins"选项卡

"Add-Ins"选项卡包括 PowerPace 和 VSTA 的相关控件，如图 9-17 所示。

图 9-17 "Add-Ins"选项卡界面

9.3   RobotStudio 的基本操作方法

RobotStudio 键盘及鼠标的基本操作方法见表 9-1。

表 9-1   键盘及鼠标的基本操作方法

目的	使用键盘/鼠标组合	说明
选择项目		只需单击要选择的项目即可
旋转工作站	<Ctrl+Shift>+	按<Ctrl+Shift>键和鼠标左键的同时，拖动鼠标对工作站进行旋转
平移工作站	<Ctrl>+	按<Ctrl>键和鼠标左键的同时，拖动鼠标对工作站进行平移
缩放工作站	<Ctrl>+	按<Ctrl>键和鼠标右键的同时，将鼠标拖至左侧（右侧）可以缩小（放大）工作站
使用窗口缩放	<Shift>+	按<Shift>键和鼠标右键的同时，将鼠标拖过要放大的区域

（续）

目 的	使用键盘/鼠标组合	说　　明
使用窗口选择	<Shift>+	按<Shift>键和鼠标左键的同时，将鼠标拖过该区域，以便选择与当前选择层级匹配的所有项目

RobotStudio 快捷键操作方法见表 9-2。

表 9-2　快捷键操作方法

操作	快捷键
打开工作站	<Ctrl+O>
保存工作站	<Ctrl+S>
创建工作站	<Ctrl+N>
导入模型库	<Ctrl+J>
导入几何体	<Ctrl+G>
添加工作站系统	<F4>
激活菜单栏	<F10>
打开虚拟示教器	<Ctrl+F5>
示教目标点	<Ctrl+R>
示教运动指令	<Ctrl+Shift+R>
屏幕截图	<Ctrl+B>
打开帮助文档	<F1>

当 RobotStudio 的操作窗口被意外关闭，无法找到对应的操作对象和查看相关信息时，可按如下步骤进行操作，恢复默认的 RobotStudio 软件界面：单击"文件"菜单，在下拉菜单中选择"默认布局"选项，便可恢复窗口的布局，如图 9-18 所示；或者选择"窗口"选项，在其子菜单中选择需要的窗口，如图 9-19 所示。

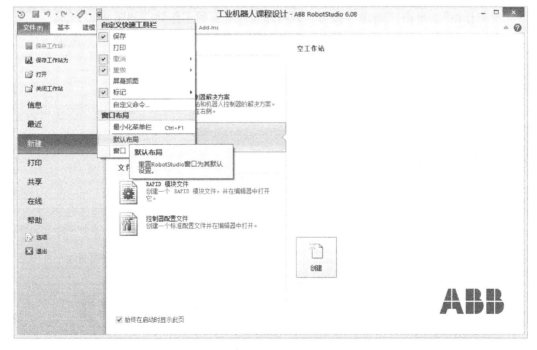

图 9-18　恢复窗口布局的方法一

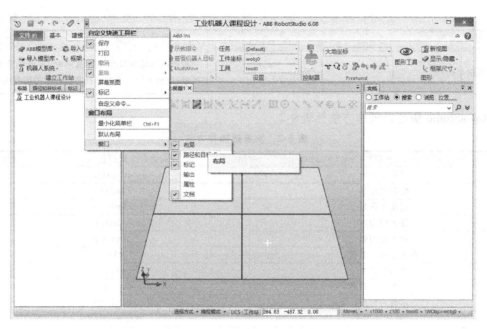

图 9-19 恢复窗口布局的方法二

9.4 RobotStudio 仿真实例

以 IRB2600 机器人为例，其仿真过程如下：

（1）建立一个新工作站 打开 RobotStudio 6.08 软件，在"文件"选项卡中选择"新建"→"空工作站"，单击"创建"按钮，即可建立一个新的工作站，如图 9-20 所示。

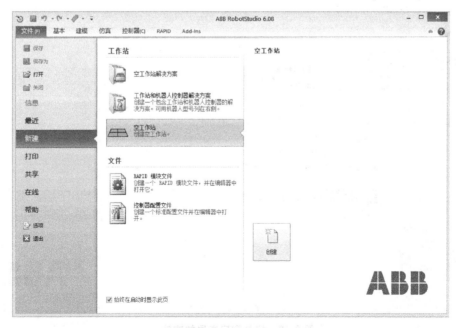

图 9-20 建立新的工作站

（2）导入机器人 在"基本"选项卡中，打开"ABB 模型库"，双击"IRB 2600"机器人，"容量"和"到达"选择默认，单击"确定"按钮，如图 9-21、图 9-22 所示。

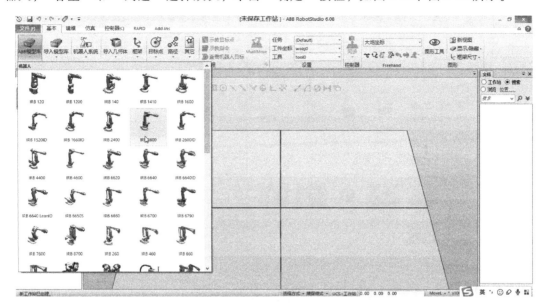

图 9-21 导入机器人步骤一

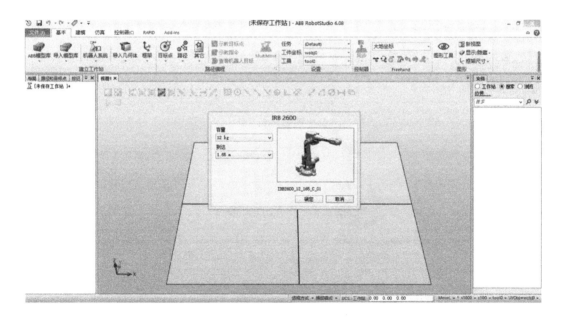

图 9-22 导入机器人步骤二

（3）为机器人安装工具 在"基本"选项卡中，打开"导入模型库"，选择"设备"→"MyTool"工具，如图 9-23 所示。

单击左侧工具栏中的"布局"，将"MyTool"工具拖动到上面的"IRB 2600 机器人"上，单击"是"，更新"MyTool"的位置，如图 9-24、图 9-25 所示。

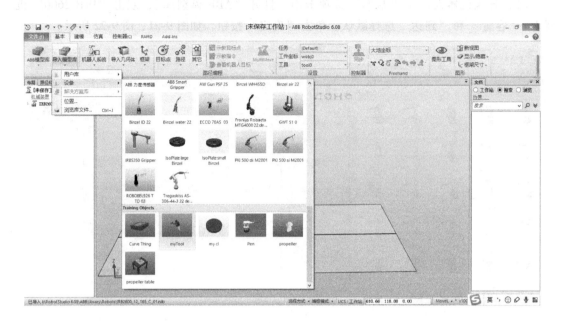

图 9-23　为机器人安装工具步骤一

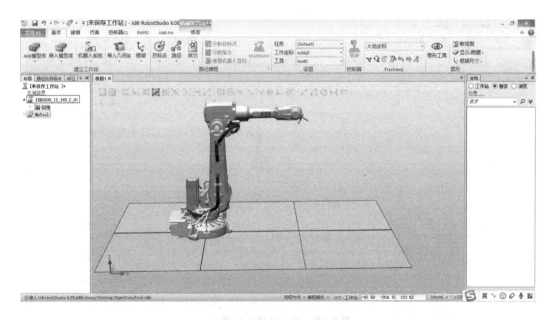

图 9-24　为机器人安装工具步骤二

（4）放置周边的对象　在"基本"选项卡中，打开"导入模型库"→"设备"，双击"propeller table"，如图 9-26 所示。

选择左侧工具栏中的"IRB 2600"，右键单击鼠标，在快捷菜单中选择"显示机器人工作区域"→"当前工具"，单击"关闭"按钮，如图 9-27 所示。

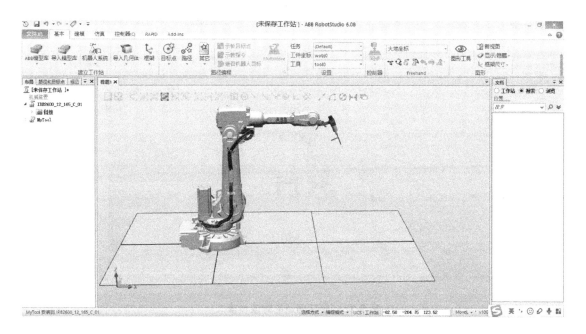

图 9-25 为机械人安装工具步骤三

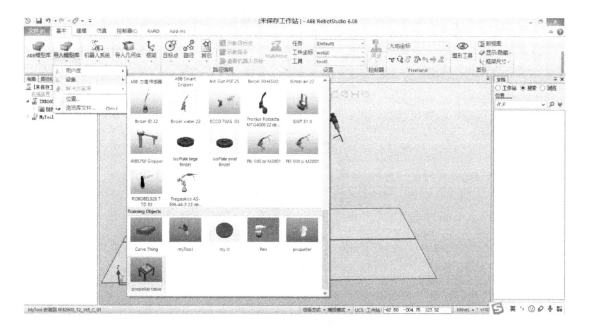

图 9-26 放置周边的对象步骤一

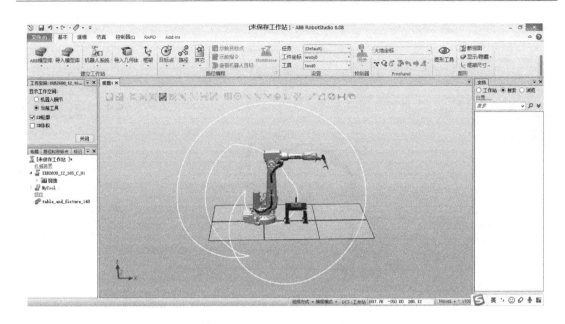

图 9-27　放置周边的对象步骤二

选择"大地坐标系"，单击"移动"，选择"部件"，然后将图中桌子移动到合适位置，如图 9-28 所示。

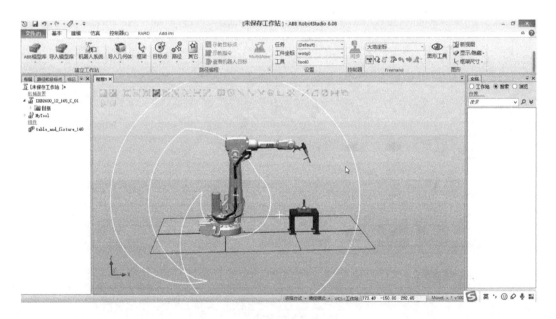

图 9-28　放置周边的对象步骤三

单击"导入模型库"，选择"设备"，双击"Curve Thing"，如图 9-29 所示。

取消"移动"选项，右键单击左侧的"Curve Thing"，在快捷菜单中选择"位置"→"放置"→"两点"，如图 9-30 所示。

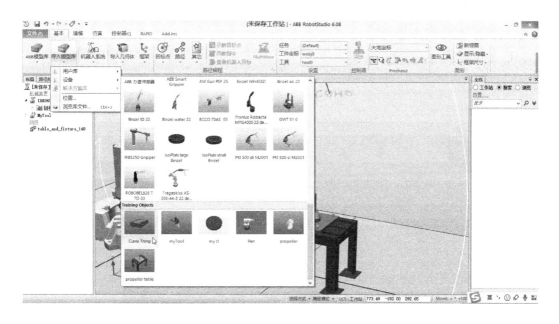

图 9-29 放置周边的对象步骤四

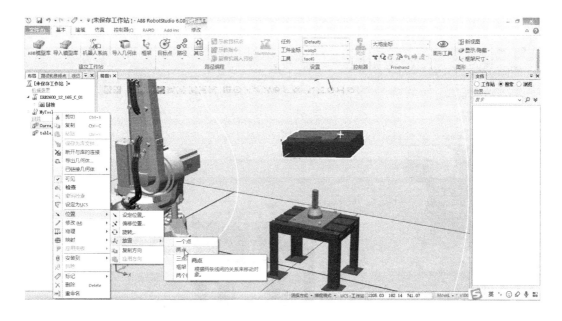

图 9-30 放置周边的对象步骤五

　　单击"捕捉末端",将鼠标放到"主点从"的位置,选择左侧两个点。将鼠标放到"X轴上的点从"的位置,选择右侧两个点。最后单击"应用"按钮,如图 9-31 所示。

　　(5) 建立机器人系统　保存文件。单击"机器人系统",选择"从布局",单击两次"下一步"按钮,单击"完成"按钮,如图 9-32 所示。注意不要使用中文目录,否则可能导致错误。

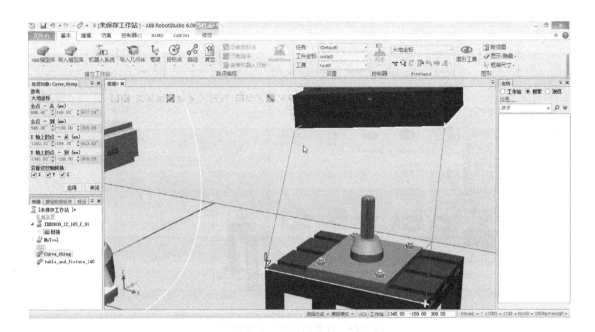

图 9-31　放置周边的对象步骤六

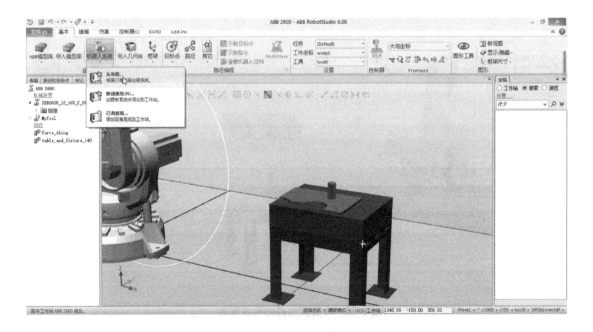

图 9-32　建立机器人系统

（6）创建工件坐标　选择"捕捉末端"，单击"其他"，选择"创建工件坐标"，如图 9-33 所示。

单击"用户坐标框架"下的"取点创建框架"，如图 9-34 所示。

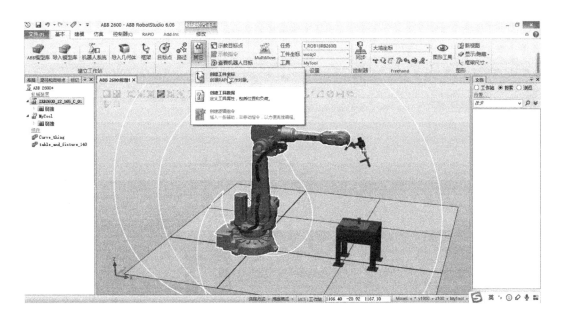

图 9-33　创建工件坐标步骤一

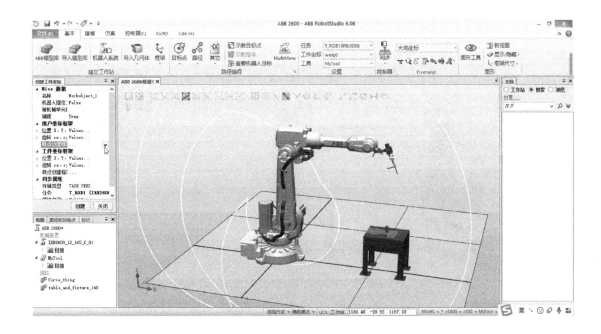

图 9-34　创建工件坐标步骤二

　　选择"三点"法。以工件左前角为坐标原点创建工件坐标系，单击"Accept"按钮，单击"创建"按钮，如图 9-35 所示。

　　（7）创建运动轨迹　选择刚刚建立的工件坐标，选择"MyTool"工具。单击"路径"，选择"空路径"，创建一个新的路径。单击"手动关节"，调节机器人到合适位置，单击"示教指令"，如图 9-36 所示。

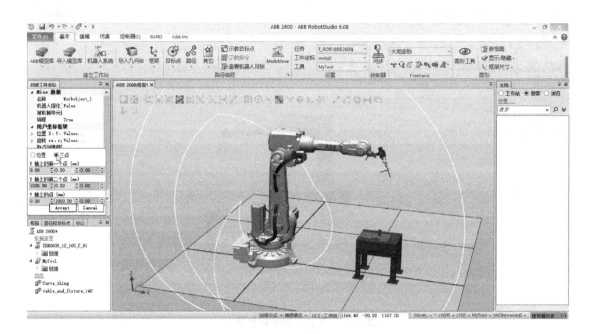

图 9-35　创建工件坐标步骤三

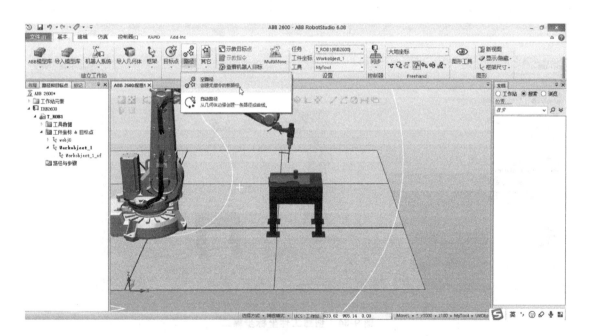

图 9-36　创建运动轨迹步骤一

将下图 9-37 所示的"MoveL"改成"MoveJ","V1000"改成"V150"。

如图 9-38 所示,选择"手动线性"→"捕捉末端",将图中工具移动到工件第一个点,单击"示教指令"。

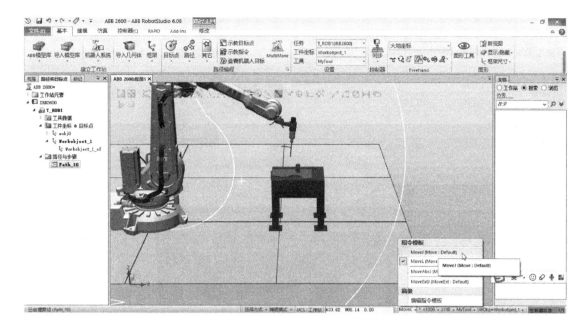

图 9-37　创建运动轨迹步骤二

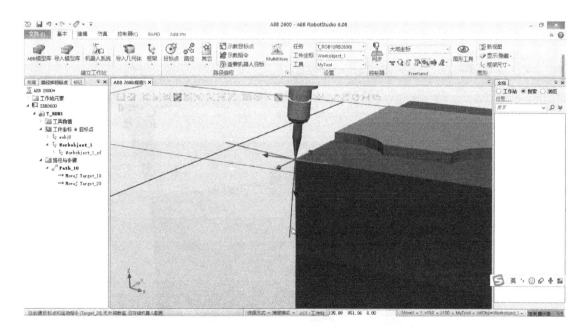

图 9-38　创建运动轨迹步骤三

　　如图 9-39 所示，将"MoveJ"改成"MoveL"，"V1000"改成"V150"，"Z100"改成"fine"，将图中工具拖动到第二个点，单击"示教指令"。

　　如图 9-40 所示，将图中工具拖动到第三个点，单击"示教指令"。

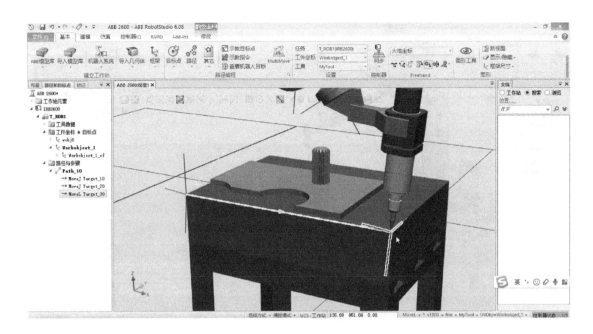

图 9-39 创建运动轨迹步骤四

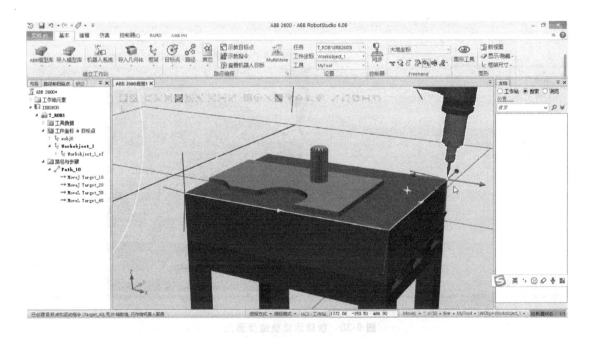

图 9-40 创建运动轨迹步骤五

如图 9-41 所示,将图中工具拖动到第四个点,单击"示教指令"。

如图 9-42 所示,将图中工具拖动回到第一个点,单击"示教指令"。

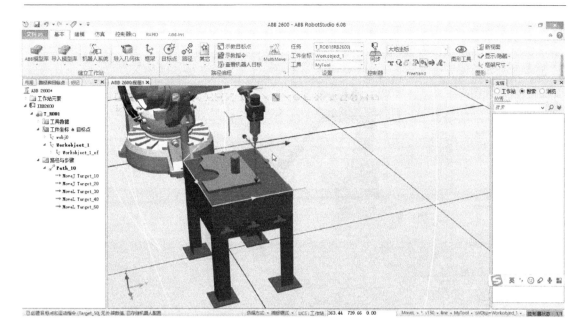

图 9-41　创建运动轨迹步骤六

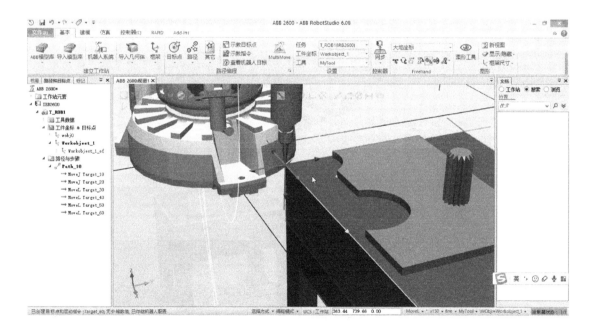

图 9-42　创建运动轨迹步骤七

最后将"MoveL"改成"MoveJ",机器人上移,按<Enter>键结束。

取消"手动线性""捕捉末端""显示机器人工作区域"选项,如图 9-43 所示。

右键单击左侧工具栏的"Path_10",在快捷菜单中选择"自动配置",单击"线性/圆周移动指令",如图 9-44 所示。

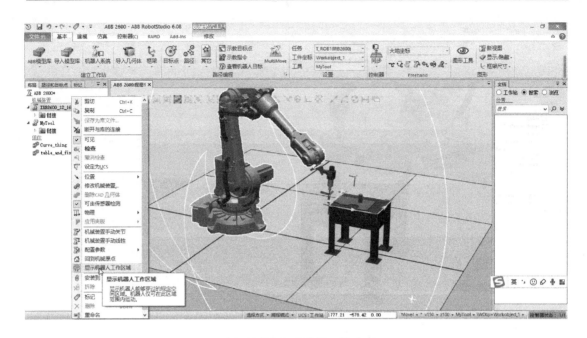

图 9-43　创建运动轨迹步骤八

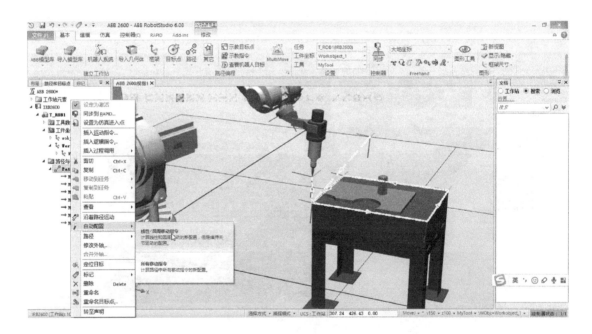

图 9-44　创建运动轨迹步骤九

右键单击左侧工具栏的 "Path_10"，在快捷菜单中选择 "沿着路径运动"，如图 9-45 所示。

在 "基本" 选项卡中单击 "同步" 下拉按钮，在下拉菜单中选择 "同步到 RAPID" 选项，如图 9-46 所示。

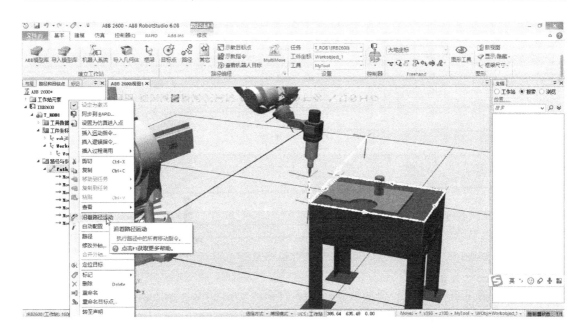

图 9-45 创建运动轨迹步骤十

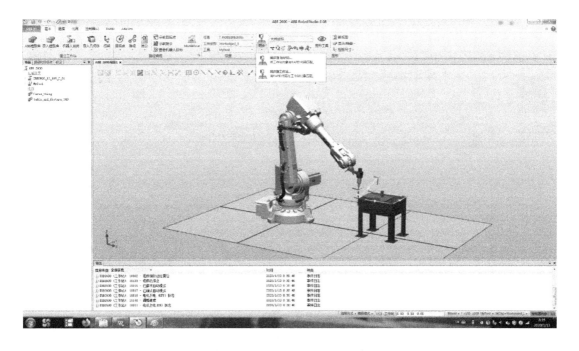

图 9-46 创建运动轨迹步骤十一

在"同步到 RAPID"对话框中选择所有需要同步的项目，单击"确定"按钮，如图 9-47 所示。

在"仿真"选项卡中单击"仿真设定"按钮，进行设置，如图 9-48 所示。

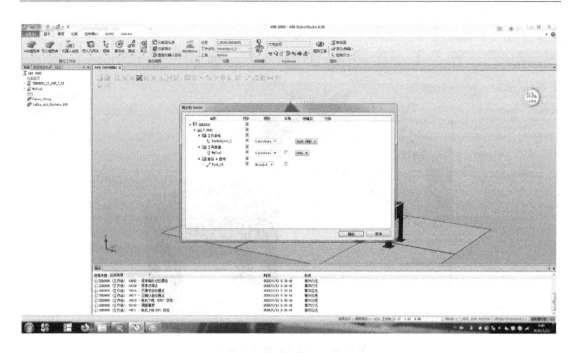

图 9-47　创建运动轨迹步骤十二

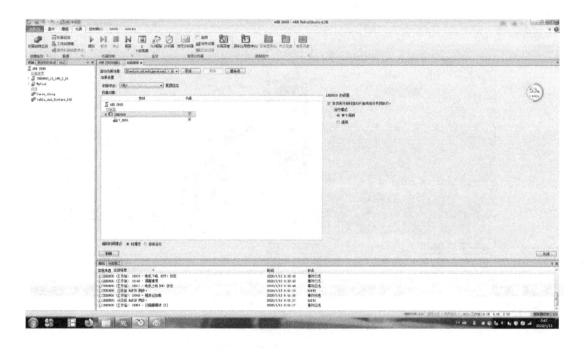

图 9-48　创建运动轨迹步骤十三

在"仿真"选项卡中，单击"播放"按钮，在下拉菜单中选择"播放"选项，机器人就会按照之前设定的轨迹运动，如图 9-49 所示。

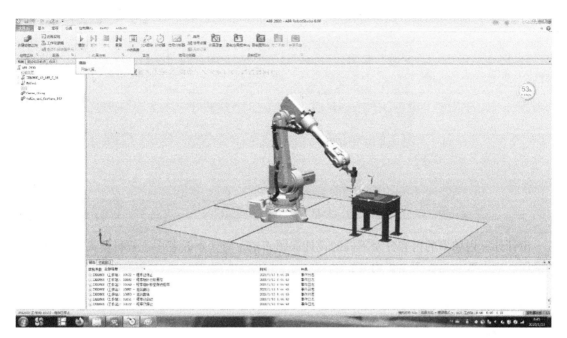

图 9-49 创建运动轨迹步骤十四

以上操作执行完毕，就完成了简单的仿真过程。

第10章 编写设计说明书及答辩准备

10.1 设计计算说明书的内容

设计计算说明书的内容针对不同的设计课题而定，对于本教程中工业机器人课程设计类的课题，应大致包括以下主要内容：

1）目录（标题，页码）。

2）设计任务书。

3）课题简介。

4）总体及各部分机械系统方案分析及设计（需要提供技术参数说明、传动机构简图及工作空间示意图）。

5）各部位驱动电动机选型，传感器选型。

6）各部分传动方案选取，减速比分配。

7）传动装置的选择及设计。

8）轴的设计及校核计算。

9）齿轮的设计及校核计算。

10）键的设计及校核计算。

11）润滑和密封方式的选择，润滑油和牌号的确定。

12）设计小结（简要说明对课程设计的体会、设计的优缺点及改进意见等）。

13）参考资料汇总。

10.2 设计计算说明书的编写要求

设计说明书是阐明设计者思想、设计计算方法的说明资料，是审查设计合理性的重要技术依据，为此，对于设计计算说明书的要求如下：

1）系统地说明设计过程中所考虑的问题及全部计算项目，阐明设计的合理性、经济性，以及拆装、润滑密封等有关方面的问题。

2）计算要正确完整，文字要简洁通顺，书写要整齐规范清晰。计算部分要列出公式、代入数据、得出结果，说明书中所引用的重要计算公式、数据应注明来源（注出参考资料的统一编号、页次、公式编号或者图号、表号等），并对最终所得的计算结果有一个简要的结论。

3）说明书中应包括与计算相关的必要简图（如结构尺寸图、受力分析图、弯矩图等）

和电气原理图、控制程序（如程序流程图、梯形图等）。

4）说明书必须用 16 开的设计专用纸，按照统一格式进行书写。说明书"计算项目"栏用于列写计算内容的标题；"计算过程及说明"栏是说明书的主要部分，用于详细列写计算过程；将计算的主要结果列写到"计算结果"栏中，每一单元内容都应有标题，并突出显示。

5）全部计算中所使用的单位要统一，符号要一致。

6）待完成全部编写后，列出目录，标出页次，最后加封面并装订成册。

10.3　总结及答辩准备

1. 答辩准备

答辩是课程设计的最后一个环节。答辩前，要求设计者系统地回顾和复习下面的内容：方案确定、设计分析过程、设计计算与校核计算、主要参数的选择，零件材料的资料和标准的运用及工艺性，使用维护等各方面的知识，三维绘图建模和编程仿真过程。总之，通过准备进一步把问题弄懂、弄通，拓展设计中获得的收获，掌握设计方法，提高分析和解决工程实际问题的能力，学会使用解决工程问题的各种工具，以达到课程设计的目的和要求。

答辩前，应将装订好的设计计算说明书与折叠好的图样一起装入档案袋内，准备进行答辩。

2. 设计总结

课程设计总结是对整个设计过程的系统总结。在绘制完成全部图样及编写完成设计计算说明书任务之后，对设计计算和结构设计进行优缺点分析，特别是对不合理的设计和出现的错误做出一一剖析，并提出改进的设想，从而提高自己的机械设计能力。

在进行课程设计总结时，建议从以下几个方面进行检查与分析：

1）以设计任务书的要求为依据，分析设计方案的合理性、设计计算及结构设计的正确性，评价自己的设计结果是否满足设计任务书的要求。

2）认真检查和分析自己设计的机械传动装置部件的装配图、主要零件的零件图及设计计算说明书等。

3）对装配图，应着重检查和分析轴系部件、齿轮系等标准件设计在结构、工艺性及制图等方面是否存在错误；对零件图，应着重检查和分析尺寸及公差标注、表面粗糙度标注等方面是否存在错误；对设计计算说明书，应着重检查和分析计算依据是否准确可靠、计算结果是否准确。

4）通过课程设计，总结自己掌握了哪些设计的方法和技巧，在设计能力方面有哪些明显的提高，在今后的设计中对于提高设计质量方面还应注意哪些问题。

参考文献

[1] 唐增宝，常建娥. 机械设计课程设计 [M]. 5版. 武汉：华中科技大学出版社，2017.

[2] 吴宗泽，高志. 机械设计实用手册 [M]. 4版. 北京：化学工业出版社，2021.

[3] 王旭，王秀叶，王积森. 机械设计课程设计 [M]. 3版. 北京：机械工业出版社，2014.

[4] 蔡自兴. 机器人学基础 [M]. 3版. 北京：机械工业出版社，2021.

[5] 龚仲华，龚晓雯. 工业机器人完全应用手册 [M]. 北京：人民邮电出版社，2017.

[6] 蔡自兴，谢斌. 机器人学 [M]. 3版. 北京：清华大学出版社，2015.

[7] 叶晖. 工业机器人故障诊断与预防维护实战教程 [M]. 北京：机械工业出版社，2018.

[8] 金蒙恩，李幼涵. 机器设计中伺服电机及驱动器的选型 [M]. 北京：机械工业出版社，2012.

[9] 闻邦椿. 机械设计手册：工业机器人与数控技术 [M]. 北京：机械工业出版社，2015.

[10] 郭彤颖，安冬. 机器人学及其智能控制 [M]. 北京：人民邮电出版社，2014.

[11] 高国富，谢少荣，罗均. 机器人传感器及其应用 [M]. 北京：化学工业出版社，2005.

[12] 陈雯柏. 智能机器人原理与实践 [M]. 北京：清华大学出版社，2016.

[13] 张明文. 工业机器人基础与应用 [M]. 北京：机械工业出版社，2018.

[14] 宋云艳，周佩秋. 工业机器人离线编程与仿真 [M]. 北京：机械工业出版社，2017.